● 《中国北方现代农牧业实用技术》培训教材

常见花卉温室高效生产技术

董永义 ◎ 主编

中国农业科学技术出版社

图书在版编目（CIP）数据

常见花卉温室高效生产技术 / 董永义主编 . —北京：
中国农业科学技术出版社，2020.12
ISBN 978-7-5116-4344-5

Ⅰ．①常… Ⅱ．①董… Ⅲ．①花卉－温室栽培 Ⅳ．① S629

中国版本图书馆 CIP 数据核字 (2019) 第 173645 号

责任编辑　　李　雪　周丽丽
责任校对　　李向荣

出 版 者　　中国农业科学技术出版社
　　　　　　北京市中关村南大街 12 号
电　　话　　(010)82109707　82105169（编辑室）
　　　　　　(010)82109702（发行部) (010)82109709（读者服务部）
传　　真　　(010)82109707
网　　址　　http://www.castp.cn
经 销 者　　各地新华书店
印 刷 者　　北京地大天成文化发展有限公司
开　　本　　710mm×1 000mm　1/16
印　　张　　11.25
字　　数　　214 千字
版　　次　　2020 年 12 月第 1 版　2020 年 12 月第 1 次印刷
定　　价　　48.00 元

《常见花卉温室高效生产技术》

编 写 人 员

主　　编：董永义　内蒙古民族大学

副 主 编：齐甲子　河北科技师范学院

　　　　　张笑宇　内蒙古农业大学

　　　　　李文龙　通辽市龙源园林工程有限公司

　　　　　张　全　内蒙古众嘉和生态建设有限公司

编写人员：(按拼音顺序排列)

　　　　　郭　园　内蒙古民族大学

　　　　　郝喜龙　内蒙古农业大学

　　　　　贾俊英　内蒙古民族大学

　　　　　李得宙　内蒙古农业大学

　　　　　王　聪　内蒙古民族大学

　　　　　郑　瑛　内蒙古民族大学

前　言

本书是在中国北方现代农牧业教材指导委员会会议精神指导下，为北方现代农牧业生产技术编写的培训教材。

本书共六章内容，第一章由董永义、张全共同编写；第二章由李文龙、王聪共同编写；第三章由郝喜龙、贾俊英共同编写；第四章由郭园、李得宙共同编写；第五章由董永义、张笑宇共同编写；第六章由郑瑛、张笑宇共同编写；全书由董永义教授统稿；图片选定及部分图片拍摄、审美加工由齐甲子完成。本书由"2020年图书出版策划项目"（NMDHKYXM201203-1）资助出版。

由于参编人员较多，统稿工作困难较大，编写过程中有许多同志给予了指导和帮助，在此一并表示感谢。编写人员大多是年轻的教师，经验和知识的积累都还有限，因此本教材的缺点和不足之处在所难免。我们真诚欢迎广大读者在使用过程中及时提出宝贵的建议，以便在以后改进。

编　者

2020 年 8 月

目 录
Catalog

第一章　绪　论 ……………………………………… 1

　　一、花卉的分类 …………………………………… 1

　　二、花卉的应用 …………………………………… 8

　　三、温室设施对花卉生产的意义 ………………… 16

　　四、温室花卉生产的发展趋势 …………………… 17

第二章　温室设施及环境调控 …………………… 19

　　一、温室大棚的类型 ……………………………… 19

　　二、温室大棚内的环境调控 ……………………… 29

　　三、温室大棚的设计要求 ………………………… 37

第三章　花卉的繁殖方式 ………………………… 41

　　一、有性繁殖 ……………………………………… 41

　　二、无性繁殖 ……………………………………… 57

第四章　花卉的温室栽培方式及生产技术 ……… 78

　　一、无土栽培 ……………………………………… 78

　　二、容器栽培 ……………………………………… 99

　　三、设施栽培 ……………………………………… 111

第五章　花卉的花期调控 ………………………… 122

　　一、花期调控原理及意义 ………………………… 122

　　二、花期调控技术 ………………………………… 122

　　三、常见花卉花期调控实例 ……………………… 131

第六章　温室花卉病虫害防治 …………………… 137

　　一、花卉病害防治 ………………………………… 137

　　二、花卉虫害防治 ………………………………… 150

　　三、花卉常用农药种类 …………………………… 161

主要参考文献 ……………………………………… 173

第一章　绪　论

一、花卉的分类

（一）按花卉生态习性分类

1. 一、二年生花卉

【一年生花卉】

在一个生长季内完成生活史的花卉。通常为春季播种，于夏秋开花结实后枯死，又称春播花卉，如鸡冠花、千日红、醉蝶花等。

【二年生花卉】

在两个生长季内完成生活史的花卉。通常为秋季播种，于翌年春季开花结实，又称秋播花卉。此类花卉多喜冷凉，不耐高温，如三色堇、紫罗兰、羽扇豆等。

2. 宿根花卉

宿根花卉指个体寿命在两年以上，可连续生长，多次开花、结实，且地下根系或地下茎，不发生变态的多年生草本花卉，如萱草、荷兰菊、鸢尾、蔓长春花、翠芦莉等。

3. 球根花卉

地下部分的根或茎发生变态，以其贮藏养分度过休眠期的多年生花卉。根据其变态器官及器官形态可分为鳞茎类、球茎类、块茎类、根茎类及块根类。

【鳞茎类】

地下茎短缩呈扁平的鳞茎盘，肉质肥厚的鳞片着生于鳞茎盘上并抱合呈球形。根据其外层有无膜质鳞片包被又分为有皮鳞茎类和无皮鳞茎类。有皮鳞茎类如郁金香、水仙、朱顶红等，无皮鳞茎类如百合属（图1-1）。

图 1-1　百合鳞茎

【球茎类】

地下茎短缩呈球形或扁球形，肉质实心，有膜质外皮，剥去外皮可见顶芽，如唐菖蒲（图1-2）。

【块茎类】

直立生长，顶芽发达，地下茎肉质膨大呈不规则块状，不产生新子球的植

1

物，如仙客来（图1-3）。

【根茎类】

地下茎变态为根状，在土中横向生长，如美人蕉、鸢尾（图1-4）。

【块根类】

地下不定根或侧根膨大呈块状，如大丽花、花毛茛（图1-5）。

图1-2　唐菖蒲球茎

图1-3　仙客来块茎

图1-4　鸢尾根茎

图1-5　大丽花块根

4. 水生花卉

水生花卉指用于美化园林水体及布置水景园的水边、岸边及潮湿地带的观赏植物，包括水生及湿生花卉，如再力花、千屈菜、狐尾藻等（图1-6）。

图1-6　千蕨菜

5. 木本花卉

木本花卉指以观花为主的木本植物，本书所列木本花卉多为可用于矮化盆栽的观花、观果的灌木或小乔木，如杜鹃类、山茶类、八仙花、茉莉、倒挂金钟、朱砂根、叶子花等（图1-7）。

图1-7　杜鹃花

6. 室内观叶花卉

室内观叶植物指以叶为主要观赏器官且多以盆栽形式供室内装饰的观赏植物。此类植物以阴生植物为主，多产于热带亚热带地区，以天南星科、秋海棠科、凤梨科及蕨类植物居多（图1-8）。

图1-8 凤梨花

7. 仙人掌科及多浆植物

多浆植物又称多肉植物，意指具肥厚多汁的肉质茎、叶或根的植物，常见栽培的有仙人掌科、景天科、番杏科、萝藦科、菊科、百合科、龙舌兰科、大戟科的许多属种。因仙人掌科的种类较多，因而栽培上又将其单列为仙人掌科植物，如仙人掌、蟹爪兰、金琥、昙花。其他多浆类植物如芦荟、长寿花、生石花、虎刺梅、露花、龙舌兰、树马齿苋等（图1-9）。

图1-9 长寿花

8. 兰科花卉

兰科花卉泛指兰科植物中具有观赏价值的种类，如春兰、建兰、寒兰、大花蕙兰、蝴蝶兰等（图1-10）。

9. 观赏草类

观赏草指具有极高生态价值和观赏价值的一类单子叶多年生草本植物，以禾本科植物为主，如蒲苇、狼尾草属、针茅属、羊茅属、芒属等（图1-11）。

图1-10 大花蕙兰

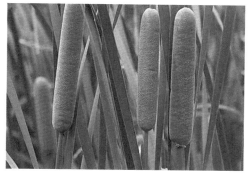

图1-11 香蒲

（二）按花卉形态分类

1. 草本花卉

草本花卉指具有草质茎的花卉，按其生育期长短不同可分为一、二年生草本花卉和多年生草本花卉（图1-12）。

2. 木本花卉

木本花卉指具有木质化茎干的花卉，根据其生长习性又可分为乔木、灌木和竹类（图1-13）。

图 1-12　万寿菊

图 1-13　梅花

（三）按花卉经济用途分类

1. 药用花卉

常见药用花卉有芦荟、桔梗、金银花和牡丹等（图1-14）。

2. 香料花卉

常见香料花卉有薄荷、薰衣草、玫瑰和桂花等（图1-15）。

图 1-14　牡丹

图 1-15　桂花

3. 食用花卉

常见食用花卉有百合、菊花和食用仙人掌等（图1-16）。

4. 其他花卉

其他花卉包括可生产纤维、淀粉和油料的花卉等。

图1-16　百合

（四）按花卉观赏部位分类

1. 观花类

以观花为主的花卉，主要欣赏其艳丽的花色或奇异的花形，如月季、牡丹、杜鹃等（图1-17）。

2. 观茎类

此类花卉的茎、枝常发生变态，具有独特的观赏价值，如仙人掌类、竹节蓼等（图1-18）。

3. 观芽类

此类花卉主要观赏其肥大的叶芽或花芽，如银芽柳等（图1-19）。

图1-17　月季　　　　图1-18　仙人球　　　　图1-19　银芽柳

4. 观叶类

此类花卉叶形奇特或带有彩色条纹或斑点等，如龟背竹、秋海棠科、蕨类植物等（图1-20）。

5. 观果类

此类花卉的果实具有形态奇特、颜色艳丽、数量巨大、挂果时间长等特征，具有较高的观赏价值，如朱砂根、冬珊瑚、佛手等（图1-21）。

图1-20　鸟巢蕨　　　　　　　　　　　　图1-21　佛手

（五）按花卉对环境因素的适应性分类

1. 对光的要求分类

【依对光照强度的要求分类】

（1）喜光花卉。此类花卉必须在全光照条件下生长，长期于荫蔽条件下生长会导致枝叶纤细、花小色淡，最终因生长不良而失去观赏价值。如月季、茉莉、大花马齿苋等（图1-22）。

（2）喜阴花卉。此类花卉需在适度遮阴的环境下才能正常生长，不能忍受强烈的阳光直射。此类植物多原产于热带雨林或分布于林下，如兰科、苦苣苔科、天南星科（图1-23）等。

（3）中性花卉。中性花卉对光照的要求介于前两者之间，喜阳光充足，又可忍耐一定程度荫蔽，大部分花卉属于这一类型，如萱草、杜鹃、山茶等（图1-24）。

图1-22　茉莉　　　　　　　图1-23　红掌　　　　　　　图1-24　山茶

【依光周期的要求分类】

（1）长日照花卉。每天光照时数必须长于一定时数，花芽才能正常分化的花卉，如八仙花、唐菖蒲、瓜叶菊、香豌豆等（图1-25）。

（2）短日照花卉。每天光照时数短于一定时数，花芽才能正常分化的花卉，如叶子花、一品红、波斯菊等（图1-26）。

（3）中日照花卉。此类花卉在生长发育过程中对日照时间长短无明确要求，只要其他条件适宜，一年四季都能开花，如月季、茉莉、天竺葵等（图1-27）。

图1-25　瓜叶菊　　　　　图1-26　一品红　　　　　图1-27　天竺葵

2. 对温度的要求分类

【耐寒花卉】

此类花卉度原产于高纬度地区或高山，具有较强的耐寒性，冬季能忍受 -10 ℃或更低的气温而不受害。如萱草、牡丹、郁金香等（图1-28）。

【耐热花卉】

此类花卉多原产于热带或亚热带地区，性喜温暖，可耐 40 ℃以上高温，如扶桑、米兰、变叶木等（图1-29）。

【中温花卉】

此类花卉对温度的需求介于前两者之间，多产于暖温带，生长期间可忍耐 0 ℃左右低温。在北方地区需加防寒设施方可安全越冬，如三色堇、金盏菊、紫罗兰等（图1-30）。

图1-28　郁金香　　　　　图1-29　变叶木　　　　　图1-30　三色堇

3. 对水分的要求分类

【旱生花卉】

此类花卉具有较强的耐旱性，能长期忍耐干旱。为了适应干旱的环境，它们常具有发达的根系，叶片变小或退化成刺状以降低蒸腾作用，如仙人掌类植物。

【水生花卉】

此类花卉根系必须生活在水中或潮湿土壤中，遇干旱则枯死。根据其对水体涨落的适应性可分为挺水、浮水、漂浮及沉水植物。挺水植物的根着生于水下泥土之中，叶和花朵高挺出水面，如香蒲、菖蒲、再力花等；浮水植物的根也着生于水下泥土中，但叶片漂浮于水面或略高于水面，如睡莲、萍蓬草等；漂浮植物根不入土，全株漂浮于水面，可随水漂移，如凤眼莲、大藻等；沉水植物整个植株全部沉于水中，如金鱼藻、莼菜等。

【中生花卉】

大多数花卉属于此类，既不耐干旱，也不耐淹渍。

4. 对土壤酸碱度的要求分类

【酸性土花卉】

此类花卉在 pH 值小于 6.5 的土壤中才能正常生长，如山茶、杜鹃、栀子等。

【碱性土花卉】

此类花卉在 pH 值大于 7.5 的土壤中生长良好，如柽柳、石竹、天竺葵等。

【中性土花卉】

中性土花卉指在 pH 值 6.5～7.5 的土壤中生长最佳的花卉，大部分花卉属于此类。

二、花卉的应用

（一）花卉的园林应用

花卉在园林中主要是作为骨架花材用于园林空间的构建，草本花卉则因具有丰富的色彩，主要是作为细部点缀，用于园林色彩的渲染。草花的园林应用包括花坛、花池、花台、花境、花丛、岩石园、水景园、垂直绿化、地被和草坪等形式，其应用原则是服从园林规划设计布局及园林风格。

1. 花坛

花坛是在具有一定几何轮廓的植床内种植颜色、形态、质地不同的花卉，以体现其色彩美或图案美的园林应用形式。花坛具有规则的外形轮廓，内部植物配置也是规则式的，属于完全规则式的园林应用形式。花坛具有极强的装饰性和观赏性，常布置在广场和道路的中央、两侧或周围等规则式的园林空间中（图 1-31）。

2. 花池

花池是在特定种植槽内栽种花卉的园林应用形式。花池的主要特点在于其外形轮廓可以是自然式的，也可以是规则式的，内部花卉的配置以自然式为主。因此，与花坛的纯规则式布置不同，花池是纯自然式或由自然式向规则式过渡的园林形式（图 1-32）。

3. 花台

花台是在高出地面几十厘米的种植槽中栽植花卉的园林应用形式。花台的主要特点是种植槽高出地面，装饰效果更为突出，其次花台的外形轮廓都是规则的，而内部植物配置有规则式的，也有自然式的。因此，花台属于规则式或由规则式向自然式过渡的园林形式（图 1-33）。

4. 花镜

花镜是将花卉布置于绿篱、栏杆、建筑物前或道路两侧的园林应用形式。花镜没有人工修砌的种植槽，外形采用直线布置如带状花坛，也可以做规则的曲线布置，内部植物配置是自然式的，属于由规则式向自然式过渡的园林形式（图 1-34）。

图 1-31　花坛

图 1-32　花池

图 1-33　花台

图 1-34　花镜

5. 花丛

花丛是将大量花卉成丛种植的园林应用形式。花丛没有人工修砌的种植槽，从外形轮廓到内部植物配置都是自然式的，属纯自然式的园林形式。花丛在园林中的应用极其广泛，它借鉴了天然风景区中野花散生的景观，可以布置在大树脚下、岩石中、溪水边、自然式草坪边缘等，将自然景观相互连接起来，从而加强园林布局的整体性。用于草坪边缘的花丛亦称为岛式种植（图1-35）。

6. 岩石园

岩石园是用岩生花卉点缀、装饰较大面积的岩石地面的园林应用形式。岩石园是借鉴自然界山野的形象，在园林中用山石堆砌假山或溪涧，模仿山野在崖壁、岩缝或石隙间布置株或成丛的岩生花卉。因此，岩石园属纯自然式的专类园林形式（图1-36）。

图1-35　花丛　　　　　　　　　　图1-36　花卉岩石园

7. 水景园

水景园是用水生花卉对园林中的水面进行绿化装饰的园林应用形式。水景园的水面包括池塘、湖泊、沼泽地和低湿地等，属纯自然式的专类园林形式，水生花卉可以改善水面单调呆板的空间，净化水质，抑制有害藻类的生长，还可以充分利用水生植物的经济价值（图1-37）。

8. 垂直绿化

垂直绿化又称立体绿化，是在园林的立面空间进行绿化装饰的一种园林应用形式。垂直绿化是在提倡向建筑要绿地、见缝插绿的城市园林化进程中盛行起来的。因此，垂直绿化常见于用蔓性攀缘类花卉对建筑或一些小品的立面进行绿化。这种绿化形式不仅可以装点枯燥、僵硬的墙体，还可以起到保温、降温及增加空气湿度的作用。值得注意的是，对于一些外观奇特的建筑要保证其观赏性时，不可滥用垂直绿化（图1-38）。

图 1-37　花卉水景园　　　　　　图 1-38　花卉垂直绿化

（二）花卉装饰

花卉装饰是指用盆花或切花制成的各种植物装饰品对室内外环境进行美化和布置。花卉装饰的环境与对象既包括室内公共环境，也包括居家环境以及人体服饰等，在各种公共场所如车站、码头、展览厅、舞台、宾馆等进行花卉布置与装饰，可以烘托气氛、突出主题，居家花卉装饰更可美化居室、消除疲劳、清新环境、增进身心健康。花卉装饰品作为社交、礼仪、馈赠用花还可倡导社交新时尚，提高国民素养。随着花卉装饰业的兴起，花卉装饰艺术必将在提高人民生活品质和增加国民收入等方面发挥越来越大的作用，因而具有重大的社会效益、环境效益和广阔的市场前景。

1. 盆花装饰

【盆花装饰的特点】

盆花装饰是指用盆栽花卉进行的装饰。广义的盆栽花卉既包括以观花为目的的盆花，又包括以观叶、观果、观形为目的栽培的盆栽观叶植物和盆景等。这些花卉通常是在花圃或温室等人工控制条件上下栽培成形后，达到适于观赏和应用的生长发育阶段后摆放在需要装饰的场所，在失去最佳观赏效果或完成装饰任务后移走或更换（图 1-39）。

图 1-39　盆栽装饰

盆花装饰用的植物种类多，不受地域适应性的限制，栽培造型方便。布置场合随意性强，在室外可装点街道、广场及建筑周围，也可装点阳台、露台和屋顶花园，在室内可装饰会场、休息室、餐厅、走道、橱窗以及家居环境等，是花卉应用很普遍的一种形式。

【盆花的种类】

（1）盆花类。以观赏花部器官为主的盆栽花卉有菊花、大丽花、仙客来、瓜叶菊、一品红、彩叶凤梨、月季、杜鹃花、山茶、梅花等。这类花卉通常较喜光，适于园林花坛、花境和专类园的布置以及室内短期摆放。近年来，年宵花等节庆用花发展势头迅猛，已逐渐发展成盆花市场的一个重要分支。各种兰花如蝴蝶兰、大花蕙兰、墨兰、春兰盆栽的市场反应热烈，凤梨、花烛、蟹爪兰、仙客来等盆花已走进千家万户百姓家，成为走亲访友的时尚礼品。

（2）观叶类。以观赏叶色、叶形为主的植物种类，包括木本观叶植物和草本观叶植物。木本如南洋杉、龙血树、苏铁和棕竹等，草本如白鹤芋、广东万年青、秋海棠、冷水花、豆瓣绿、虎尾兰、文竹和旱伞草等。这类花卉耐阴性比盆花类强，更适于室内较长期摆放。

（3）盆景类。以盆景艺术造型为观赏目的的类别。多为喜光的树木类，不宜在室内长期摆放，如五针松、六月雪、火棘、九里香等。

2. 插画艺术

插花艺术是指在一定的容器中，将适当剪切或整形处理的花材，运用造型艺术的基本原理创作花卉装饰作品。插花作品陈设于室内桌面或几架之上，或落地摆放，可增加环饰性。

【花束】

花束也称手花，是手持的礼仪用花，用以迎送宾客，馈赠亲友，表示祝贺慰问和思念。最常用的礼仪花束由线性花材决定花束长（高）度范围，块状花材数量和大小确定花束体量，然后用散状花材填充空间。花束用花不宜带刺，应无异味，不污染衣物花束造型可以是单种花材，也可多种混合。外形轮廓也有倒锥形、圆球形和扇形等多种。制作时一手握第一花枝中下部，然后逐枝增加，呈螺旋式重叠，同时调节上下位置及流密程度，最后在握手处用缎带捆紧，外面套以各种装饰性包装纸（图1-40）。

图1-40　花束

【花篮】

花篮将切花插于用藤、竹、柳条等编制的花篮中的插花形式，常用于礼仪、喜庆或探亲访友以及室内装饰等。花篮制作时先在篮中放置吸水花泥或其他吸水材料，用作花材的固着物及供水来源。插花时一般先以线形花材勾出构图轮廓，再插主体花和填充花，最后用丝带作蝴蝶结系于篮环上或插上标签等。艺术花篮则有不同的形式与风格，创作过程与手法与瓶花或盘花相同（图1-41）。

图 1-41　花篮

【花环和花圈】

将切花捆附在用软性枝蔓（如藤、柳、竹片等）扎成的圆环上制成的装饰品或礼品称花环。精制的花环上还可饰以彩带、小铃等。花环可悬挂在门上、墙面作装饰，也常作圣诞节等节日的装饰礼品。由于花环没有供水来源，应选用持久性强的花材如热带兰、鸡蛋花、茉莉、玳玳、一品红、十大功劳的叶和果、冬青叶等。有些国家将花朵直接用线串成软性花环，挂于胸前或头部作装饰。花圈是将花捆扎在用枝、蔓等制作的圆盘形支架上，花色多用冷色，并用常青叶、松枝等作衬垫，用于祭奠与悼念（图1-42）。

图 1-42　花环、花圈

【桌饰花】

用于会议桌面、宴会餐桌的装饰花称为桌饰花。通常放于桌子中央。桌饰花要求精细美丽，常用的花材既有传统的月季、香石竹、非洲菊、菊花、热带兰和水仙等常见花卉，也有新型的现代线形衬材用小花类以及各种水果。将花材或水果直接在桌上铺成与桌子形状相称的各种图案，再用文竹、天门冬等枝叶作衬叶，将图案联系成整体。设计图案要简洁、清新。桌饰花宜平矮，不能影响坐席两面的对视线。花材不能有异味，不能有病虫和散落花粉等污染（图1-43）。

图1-43 桌饰花

【捧花和胸花】

捧花最常见的是新娘捧花，供婚礼上用。根据捧花的形状可分为束状棒花、圆球形捧花和下垂型捧花。捧花所用花材要精致、美丽或有香气。常用象征百年好合、相亲相爱等美好祝愿的百合、马蹄莲、月季、热带兰、非洲菊等，再配以丝石竹、小白菊、蕨类、文竹等。下垂型捧花常用文竹、常春藤等蔓性枝使其自然下垂，使捧花更潇洒，情意缠绵。捧花的式样及色彩应配合新娘服饰，表达爱情纯洁，陪衬主人的端庄、温柔气质。制作捧花时，剪取长约20 cm的花材，用金属细丝将之缠住，以便于牢固和弯曲造型，每朵花与少量衬叶组合扎成小型花组，以小花组为单位将之缚成球状或束状捧花，基部用缎带绑扎，或插入捧花专用的握柄中。

胸花也称襟花，是将切花组合成小型的花束小品，佩戴在胸前或衣襟、裙子或发际。胸花制作时用花量少而精，选用小型花朵如香石竹、铃兰、热带兰等为主花，再衬以小花、细叶作衬花，如丝石竹、文竹等。制作精巧、高雅，装饰性强。我国传统用茉莉、白兰花、玳玳等同细铁丝穿成花串佩戴在头上、衣襟上，或放在车内用香（图1-44）。

图1-44 捧花、胸花

（三）花卉的其他应用

许多植物不仅色彩艳丽，株形优美，而且其花具有浓郁的香味，称为香花植物。我国具有悠久的花卉栽培历史，香花植物的栽培更是其中的首选。香花植物一方面用于观赏、闻香，另一方面用于加工。近百年来，我国对香花植物的生产最初仍然只限于植物自身，如小花茉莉，已有1 700多年的栽培历史，但直至19世纪50年代才开始将其花朵用于窨制花茶。其他民间习用的有桂花糕、玫瑰羹和檀香扇等。随着科学技术的进步，更多的香花植物进行加工提油生产。

1. 观赏香花植物

园林中广为应用的香花植物很多，依栽培方式分为以下几类。

【切花类】

月季、香石竹、百合、菊花、晚香玉、姜花等。

【盆花类】

九里香、水仙、白兰花、紫罗兰、珠兰、香叶天竺葵、玳玳等。

【服饰佩花类】

用于胸花、襟花佩戴的香花有白兰花、茉莉等。

【庭园花卉类】

栀子花、桂花、蜡梅、瑞香、木香、铃兰、香水草、百里香、金银花等。其中可作为夜花园的香花有月见草、紫茉莉、昙花、夜来香等，作为家庭花园的香料植物有茴香、薄荷等。

2. 香料加工植物

香料加工植物很多，除桂花、山茶、白兰花、梅花、蜡梅、茉莉、米兰等观赏与香料两用的植物外，还有一些特别用于香精或香料加工的植物，如依兰、灵香草、香根草、香荚兰、留兰香、薰衣草、珠兰、玫瑰、柠檬、岩蔷薇、丁子香、广藿香、芸香草、罗勒、檀香、大花茉莉、黄心夜合、含笑、香叶菊、团香果、青兰等。

3. 食用花卉

食用花卉是国内外饮食文化中的一大特色，具有十分悠久的历史。按食用方式不同，可以分为以下几种。

【直接食用】

花朵是植物精华，尤其是花粉，科学家证实其含有96种物质，包括22种氨基酸、14种维生素和丰富的微量元素，因而被认为是"地球上最完美的食物"。可食的种类很多，既有野生花卉，又有栽培的观赏花卉，如菊花、玫瑰、百合、芙蓉花、石斛、桂花、月季、荷花、晚香玉、凤仙花、玉簪等。

【药用】

花卉除供观赏外，还是治病良药和滋补佳品。兰花可清肺解毒、化痰止咳，菊花养肝明目，荷花治失眠、吐血，茶花治烫伤、血痢，梅花收敛止痢、解热镇咳，水仙消肿解毒，芦荟治咳嗽、清热解毒，鸡冠花治痔血，刺槐花凉血止血，桂花化痰化瘀，杜鹃花治疗哮喘、风湿病、闭经等。

【窨制花茶】

利用花的芳香给茶赋香，制成花茶。传统的花茶主要有茉莉花茶、桂花茶，此外，还有玉兰花茶、珠兰花茶等。近年来，直接泡茶的干花还有玫瑰花蕾、千日红花序、栀子花蕾、柚子花等。随着食品工业的发展和顺应人们"饮食回归自然"的要求，食用花卉资源的开发和利用的途径将越来越广泛。

三、温室设施对花卉生产的意义

如何满足不同花卉品种在不同生长阶段对环境条件的需求，生产出高品质的花卉产品是花卉设施栽培需要解决的问题，温室设施在花卉生产中的作用主要表现在以下几个方面。

1. 提高繁殖速度

在塑料大棚或温室内进行串红、万寿菊、三色堇、矮牵牛等草花的播种育苗，可以提高种子发芽率和成苗率，提高繁殖速度。在设施栽培的条件下，菊花、香石竹可以周年扦插，其繁殖速度是露地扦插的 10 ~ 15 倍，扦插的成活率提高 40% ~ 50%。组培苗的炼苗也多在设施栽培的环境条件下进行，可以根据不同栽培花卉种、品种以及瓶苗的长势进行环境条件的人工控制，有利于提高成苗率，培育壮苗。

2. 进行花卉的花期调控

随着设施栽培技术的不断提高和花卉生理学研究的深入，满足花卉植株生长发育不同阶段对温度、湿度和光照等环境条件的需求，已经实现了大部分花卉的周年生产供应。如唐菖蒲、郁金香、百合、风信子等球根花卉种球的低温贮藏和打破休眠技术，牡丹的低温春化处理，菊花的光照结合温度处理已经解决了这些花卉的周年供应。

3. 提高花卉的品质

在长江流域普通塑料大棚内，可以进行蝴蝶兰的生产，但开花迟、花径小、叶色暗、叶片无光泽。在高水平的设施栽培条件下，进行温度、湿度和光照的人工控制，是解决长江流域高品质蝴蝶兰生产的关键。我国广东省地处热带亚热带地区，是我国重要的花卉生产基地之一，但由于缺乏先进的设施，产品的数量和质量得不到保证，在市场上缺乏竞争力，如广东产的月季在香港批发价只有荷兰月季的 1/2。

4. 提高经济效益

提高花卉对不良环境条件的抵抗能力，提高经济效益。不良环境条件主要有夏季高温、暴雨、台风，冬季霜冻、寒流等，往往给花卉生产带来严重的经济损失。如广东地区 1999 年的严重霜冻，使陈村花卉世界种植在室外的白兰、米兰、观叶植物等的损失超过 60%，而有些公司的钢架结构温室由于有加温设备，各种花卉基本没有损失。

5. 打破花卉生产和流通的地域限制

花卉和其他园艺作物的不同在于观赏上人们追求"新、奇、特"。各种花卉栽培设施在花卉生产、销售各个环节中的运用，使原产南方的花卉如蝴蝶兰、杜鹃、山茶顺利进入北方市场，也使原产于北方的牡丹花开南国。

6. 提高劳动生产率

进行大规模集约化生产，提高劳动生产率。设施栽培的发展，尤其是现代温室环境工程的发展，使花卉生产的专业化、集约化程度大大提高。目前在荷兰等发达国家从花卉的种苗生产到最后的产品分级、包装均可实现机器操作和自动化控制，提高了单位面积的产量和产值，人均劳动生产率大大提高。

四、温室花卉生产的发展趋势

温室栽培花卉主要有以下明显的发展趋势。

1. 花卉温室的大型化

因为大型花卉温室内温、湿度比较稳定，又便于机械化操作，造价又低等，所以温室有向大型化、超大型化发展的趋势。

2. 花卉温室的现代化

花卉温室的现代化主要是指温室结构标准化，栽培管理机械化，栽培技术科学化和温室环境调节自动化等方面。根据当地的自然条件，设计标准型温室；掌握花卉生长的特点及对环境条件的要求，制定相应的管理办法；运用机械操作实现自动化和科学管理。

3. 花卉温室大棚生产工厂化

工厂化是在完全密闭、智能化控制条件下进行花卉生产，按设计工艺流程进行集约高效的园艺植物工厂化生产。

4. 花卉温室生产专业化

随着花卉产品和市场的不断竞争，发展多种花卉产品生产势必会影响温室栽培花卉技术的提高，单独进行一种花卉产品的生产会更具竞争优势。所以，小而全的、种植多种花卉的温室会越来越少，而种植单一花卉的专业生产温室会越来越多。

第二章 温室设施及环境调控

花卉栽培设施是指人为建造的适宜或保护不同类型的花卉正常生长发育的各种建筑及设备，主要包括温室、塑料大棚、冷床与温床、荫棚、风障以及机械化、自动化设备、各种机具和容器等。采用这些设施，就可以在不适于某类花卉生态要求的地区和不适于花卉生长的季节进行花卉栽培，使花卉生产不受地区、季节的限制，从而能够集世界各气候带地区和要求不同生态环境的奇花异卉于一地，进行周年生产，以满足人们对花卉日益增长的需求。

一、温室大棚的类型

（一）温 室

温室是覆盖着透光材料，并附有防寒、加温设备的特殊建筑，能够提供适宜植物生长发育的环境条件，是北方地区栽培热带亚、热带植物的主要设施。温室对环境因子的调控能力比其他栽培设施（如风障、冷床等）更好，是比较完善的保护地类型。温室有许多不同的类型，对环境的调控能力也不同，在花卉栽培中有不同的用途。

1. 温室种类

【依应用目的划分】

（1）观赏温室。专供陈列展览花卉之用，一般建于公园及植物园内，温室外形要求美观、高大。有的观赏温室中有地形的变化和空间分割，创造出各种植物景观，供游人游览。

（2）栽培温室。以花卉生产栽培为主，建筑形式以符合栽培需要和经济实用为原则，不注重外形美观与否。一般建筑低矮，外形简单，室内面积利用经济。如各种日光温室、连栋温室等。

（3）繁殖温室。这种温室专供大规模繁殖之用，温室建筑多采用半地下式，以便维持较高的湿度和温度。

（4）人工气候室。过去一般供科学研究用，可根据需要自动调控各项环境指标。现在的大型自动化温室在一定意义上就已经是人工气候室。

【依温度分类】

（1）高温温室。又称热温室，室内温度保持在 18 ～ 30 ℃，专供栽培热带种类或冬季促成栽培之用。

（2）中温温室。又称暖温室，室内温度一般保持在 12～20 ℃，专供栽培热带、亚热带种类之用。

（3）低温温室。又称冷温室，室内温度一般保持在 7～16 ℃，专供亚热带、暖温带种类栽培之用。

（4）冷室。室内温度保持在 0～5 ℃，供亚热带、温带种类越冬之用。

【依建筑形式划分】

温室的屋顶形状对温室的采光性能有很大影响。出于美观的要求，观赏温室建筑形式很多，有方形、多角形、圆形、半圆形及多种复杂的形式。生产性温室的建筑形式比较简单，基本形式有四类（图 2-1）。

单屋面温室

双屋面温室

不等面温室

连栋式温室

图 2-1 温室的类型

（1）单屋面温室。温室屋顶只有一个向南倾斜的透光屋面，其北面为墙体。能充分利用阳光，保温良好，但通风较差，光照不均衡。

（2）双屋面温室。温室屋顶有两个相等的屋面，通常南北延长，屋面分向东西两方，偶尔也有东西延长的。光照与通风良好，但保温性能差，适于温暖地区使用。

（3）不等面温室。温室屋顶具有两个宽度不等的屋面，向南一面较宽，向北一面较窄，二者的比例为 4：3 或 3：2。南面为透光面的温室，保温较好，防寒方便，为最常用的一种。

（4）连栋式温室。由相等的双屋面温室纵向连接起来，相互连通，可以连续搭建，形成室内穿通的大型温室。温室屋顶呈均匀的弧形或者三角形。这种温室适合作大面积地栽植，保温良好，但通风较差。

由上述若干个双屋面或不等屋面温室，借纵向侧柱或柱网连接起来，相互通连，可以连续搭接，形成室内串通的大型温室，即为连栋温室，现代化温室均为此类。

【依建筑材料划分】

（1）土温室。墙壁用泥土筑成，屋顶上面主要材料也为泥土，其他各部分结构为木材，采光面为塑料薄膜。只限于北方冬季无雨季节使用。

（2）木结构温室。屋架及门窗框等都为木制。木结构温室造价低，但使用几年后，温室密闭度常降低。使用年限一般 15～20 年。

（3）钢结构温室。柱、屋架、门窗框等结构均用钢材制成，可建筑大型温室。钢材坚固耐久，强度大，用料较细，支撑结构少，遮光面积较小，能充分利用日光。但造价较高，容易生锈，由于热胀冷缩常使玻璃面破碎，一般可用 20～25 年。

（4）钢木混合结构温室。除中柱、桁条及屋架用钢材外，其他部分都为木制。由于温室主要结构应用钢材，可建较大的温室，使用年限也较久。

（5）铝合金结构温室。结构轻，强度大，门窗及温室的结合部分密闭度高，能建大型温室。使用年限很长，可用 25～30 年，但是造价高。是目前大型现代化温室的主要结构类型之一。

（6）钢铝混合结构温室。柱、屋架等采用钢制异形管材结构，门窗框等与外界接触部分是铝合金构件。这种温室具有钢结构和铝合金结构二者的长处，造价比铝合金结构的低，是大型现代化温室较理想的结构。

【依温室覆盖材料划分】

用于温室的覆盖材料类型很多，透光率、老化速度、抗碰撞力、成本等都不同（表 2-1），在建造温室时，需要根据具体用途、资金状况、建造地气候条件及温室的结构要求等进行选择。

表 2-1　常见温室覆盖材料的特点

覆盖材料		透光率（%）	散热率（%）	使用寿命（年）	优点	缺点
玻璃	加强玻璃	88	3	＞25	透光率高，绝热，抗紫外线，抗划伤。热膨胀～收缩系数小	重，易碎，价格高
	低铁玻璃	91～92	＜3	＞25		
丙烯酸塑料板	单层	93	＜5	＞20	透光极高，抗紫外线照射，抗老化，不易变黄，质软	易划伤，膨胀收缩系数高，老化后略变脆，造价高，易燃，使用环境温度不能过高
	双层	87	＜3	＞20		

覆盖材料		透光率（%）	散热率（%）	使用寿命（年）	优点	缺点
聚碳酸酯板 PC	单层板	91～94	＜3	10～15	使用温度范围宽，强度大，弹性好，轻，不太易燃	易划伤，收缩系数较高
	双层中空板	83	＜3	10～15		
聚酯纤维玻璃 FRP	单层	90	＜3	10～15	成本低，硬度高，安装方便	不抗紫外线照射，易沾染灰尘，随老化变黄，降解后产生污染
	双层	60～80		7～12		
聚乙烯波浪板 PVC	单层	84	＜25	＞10	坚固耐用，阻燃性好，抗冲击性强	透光率低，延伸性好，随老化逐渐变黄
聚乙烯膜 PE	标准防紫外线膜	＜85	50	3	价格低廉，便于安装	使用寿命短，环境温度不宜过高，有风时不易固定
	无滴膜		50	3		

（1）玻璃温室。玻璃温室透光度大，使用年限久。防冰雹可采用钢化玻璃（图2-2）。

图 2-2　现代化玻璃温室

（2）塑料薄膜温室。主要用于日光温室及其他简易结构的温室，造价低，便于用作临时性温室，也可用于制造连栋式大型温室。形式多为半圆形或拱形，也有尖顶形的。单层或双层充气膜，后者的保温性能更好，但透光性能较差。常用的塑料薄膜有聚乙烯膜（PE）、多层编织聚乙烯膜、聚氯乙烯膜（PVC）（图2-3）等。

图 2-3　塑料薄膜温室

（3）硬质塑料板温室。多为大型连栋温室。常用的硬质塑料板材主要有丙烯酸塑料板（Acrylic）、聚碳酸酯板（PC）、聚酯纤维玻璃（玻璃钢，FRP）、聚乙烯波浪板（PVC）。聚碳酸酯板是当前温室制造应用最广泛的覆盖材料（图2-4）。

图2-4　PC太阳光板温室

2. 温室特点

【单屋面温室】

仅有一个向南倾斜的透光屋面，构造简单，小面积温室多采用此种结构。一般跨度3～7 m，屋面倾斜角度较大，可充分利用冬季和早春的太阳辐射，温室北墙可以阻挡冬季的西北风，保温良好，适宜在北方严寒地区采用。光线充足，结构简单，建筑容易。但由于前部较低，不能种植株型较高的花卉，空间利用率低，不便于机械化操作，且容易造成植物向光弯曲。

【双屋面温室】

这种温室有两个相等的屋面，因此室内受光均匀，植物没有向光弯曲的缺点。通常建筑较为宽大，室内环境稳定性好，但温度过大时有通风不良之弊。由于采光屋面较大，散热较多，必须配备完善的加温设备。为利于采光，宜采用东西向建造。

【不等面温室】

有南北两个不等宽屋面，向南一面较宽。采光面积大于同体量的单屋面温室。由于来自南面的照射较多，室内植物仍有向南弯曲的缺点，但比单屋面温室稍好。北面保温性不及单屋面温室。此类温室在建筑和日常管理上都有不便，一般较少采用。

【连栋式温室】

连栋温室除结构骨架外，一般所有屋面与四周墙体都为透明材料，如玻璃、塑料薄膜或硬质塑料板，温室内部可根据需要进行空间隔离。在冬季北风较强的地区，为提高温室的保温性，温室的北墙可选用保温性能强的不透明材料。连栋温室的土地利用率高，内部作业空间大，光照充足，自动化程度较高，内部配置齐全，可实现规模化、工厂化生产和自动化管理。目前中国花卉生产中常用的连栋式温室有以下几类。

（1）薄膜连栋温室。薄膜连栋温室有单层膜温室和双层充气膜温室两种。单层膜连栋温室有拱顶和尖顶两种。多采用热浸镀锌钢骨架结构装配，防腐防锈，温室内部操作空间大，便于机械化作业，且温室采光面大，新膜透光率可达95%。由于是单层薄膜覆盖，温室造价低，但保温性能不佳，北方冬季运行成本高。双层充气膜通过用充气泵不断的给两层薄膜间充入空气，维持一定的膨压，使温室内与外界间形成一层空气隔热层。这种温室的保温性能好，适合北方寒冷、光照充足的地方（图2-5）。

图 2-5　薄膜连栋温室

（2）玻璃连栋温室。玻璃温室造价比其他覆盖材料的温室高，但玻璃不会随使用年限的延长而减低透光率，在温室使用超过20年时，玻璃温室造价低于其他材料温室。玻璃温室的透光性虽好，但导热系数大，保温性差，适于北方温暖地区用，或者用于生产对光照条件要求高的花卉。在冬季因其采暖负荷大，故运行成本比较高（图2-6）。

图 2-6　玻璃连栋温室

（3）PC板连栋温室。又称阳光板温室。PC板于20世纪70年代在欧洲问世，即广泛应用于温室建设中，是继玻璃、薄膜之后的第四代温室覆盖材料。PC板一般为双层或三层透明中空板或单层波浪板。PC板透过率较高，密封性、抗冲击力、保温性好，是目前所有覆盖材料中综合性能最好的一种，可以在全国推广使用，但价格较昂贵（图2-7）。

图 2-7　PC板连栋温室

（二）塑料大棚

1. 塑料大棚的特点

覆盖塑料薄膜的建筑称为塑料大棚。塑料大棚是花卉栽培及养护的又一主要设施，可用来代替温床、冷床，甚至可以代替低温温室，而其费用仅为建一温室的1/10左右。塑料薄膜具有良好的透光性，白天可使地温提高3℃左右，夜间气温下降时，又因塑料薄膜具有不透气性，可减少热气的散发起到保温作用。在春季气温回升昼夜温差大时，塑料大棚的增温效果更为明显。如早春月季、唐菖蒲、晚香玉等，在棚内生长比露地可提早 15 ～ 30 d 开花，晚秋时花期又可延长 1 个月。由于塑料大棚建造简单，耐用，保温，透光，气密性能好，成本低廉，拆装方便，适于大面积生产等特点，近几年来，在花卉生产中已被广泛应用，并取得了良好的经济效益。

塑料大棚以单层塑料薄膜作为覆盖材料，全部依靠日光作为能量来源，冬季不加温。塑料大棚的光照条件比较好，但散热面大，温度变化剧烈。塑料大棚密封性强，棚内空气湿度较高，晴天中午，温度会很高，需要及时通风降温、降湿。塑料大棚在北方只是临时性保护设施，常用于观赏植物的春提前、秋延后生产。大棚还用于播种、扦插及组培苗的过渡培养等，与露地育苗相比具有出苗早、生根快、成活率高、生长快、种苗质量高等优点。

塑料大棚一般南北延长，长 30 ～ 50 m，跨度 6 ～ 12 m，脊高 1.8 ～ 3.2 m，占地面积 180 ～ 600 m²，主要由骨架和透明覆盖材料组成，棚膜覆盖在大棚骨架上。大棚骨架由立柱、拱杆（架）、拉杆（纵梁）、压杆（压膜绳）等部件组成。棚膜一般采用塑料薄膜，目前生产中常用的有聚氯乙烯（PVC）、聚乙烯（PE）。乙烯—醋酸乙烯共聚物（EVA）膜和氟质塑料（F-CLEAN）也逐步用于设施花卉生产。

2. 塑料大棚的类型和结构

【根据屋顶的形状分】

（1）拱圆形塑料大棚。这种类型大棚在我国使用很普遍，屋顶呈圆弧形，面积可大可小，可单幢亦可连幢，建造容易，搬迁方便。小型的塑料棚可用竹片做骨架，竹片光滑无刺，易于弯曲造型，成本低。大型的塑料棚常采用钢管架结构，用 6 ～ 12 mm 的圆钢制成各种形式的骨架（图 2-8）。

（2）屋脊形塑料大棚。采用木材或角钢为骨架的双屋面塑料大棚，多为连幢式，具有屋面平直，压膜容易，开窗方便，通风良好，密闭性能好的特点，是周年利用的固定式大棚（图 2-8）。

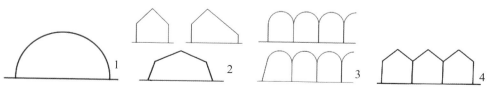

1. 拱圆形大棚；2. 屋脊形大棚；3. 拱圆连栋大棚；4. 屋脊连栋大棚

图 2-8　塑料大棚的类型

【根据耐久性能分】

（1）固定式塑料大棚。使用固定的骨架结构，在固定的地点安装，可连续使用 2 ～ 3 年以上。这种大棚多采用钢管结构，有单幢或连幢，拱圆形或屋脊形等多种形式，面积常有 667 ～ 6 667 m² 以上。多用于栽培菊花、香石竹等的切花，或观叶植物与盆栽花卉等。

（2）简易式移动塑料棚。用比较轻便的骨架，如竹片、条材或 6 ～ 12 mm 的圆钢，曲成半圆形或其他形式，罩上塑料薄膜即成。这种塑料大棚多作为扦插繁殖、花卉的促成栽培、盆花的越冬等使用。露地草花的防霜防寒，也多就地架设这种塑料棚，用后即可拆除，十分方便。

3. 大棚常用的覆盖材料

【聚氯乙烯薄膜】（PVC）

这种薄膜具有透光性能好，保温性强，耐高温、耐酸，扩张力强，质地软，易于铺盖等特点，是我国园艺生产使用最广泛的一种覆盖材料。厚度以 0.075 ～ 0.1 mm 为最标准规格，而大型连栋式的大棚则多采用 0.13 mm 厚度，宽度以 180 cm 为标准规格，也有宽幅为 230 ～ 270 cm。其缺点是易吸附尘土。

【聚乙烯薄膜】（PE）

这种薄膜具有透光性好，新膜透光率达 80 % 左右，附着尘土少，不易粘连，过滤高，达 70 % 以上，价格比聚氯乙烯薄膜低等优点。但缺点是夜间保温性能较差，雾滴严重；扩张力、延伸力也不如聚氯乙烯，于直射光下的耐晒性也比聚氯乙烯的 1/2 还低，使用周期 4 ～ 5 个月。所以聚乙烯薄膜多用在温室里作双重保温幕，在外面使用时则多用于可短期收获的作物的小棚上。但在欧洲各国主要使用这种塑料薄膜，厚度在 0.2 mm 以上。

【聚乙烯长寿膜】

以聚乙烯为基础原料，含有一定比例的紫外线吸收剂、防老化剂和抗氧化剂。厚度 0.1 ～ 0.12 mm，使用寿命 1.5 ～ 2 年。

【聚乙烯无滴长寿膜】

以聚乙烯为基础原料，含有防老化剂和无滴性添加剂。厚度 0.1 ～ 0.12 mm，无结露现象。使用寿命 1.5 ～ 2 年。

【多功能膜】

以聚乙烯为基础原料，加入多种添加剂，如无滴剂、保温剂、耐老化剂等。具有无滴、长寿、保温等多种功能。厚度为 0.06 ～ 0.08 mm，使用寿命 1 年以上。

（三）荫　棚

1. 荫棚的作用

荫棚是花卉栽培必不可少的设施。它具有避免日光直射、降低温度、增加湿度、减少蒸发等特点。

温室花卉大部分种类属于半阴性植物，不耐夏季温室内之高温，一般均于夏季移出温室，置于荫棚下养护；夏季嫩枝扦插及播种等均需在荫棚下进行；一部分露地栽培的切花花卉如设荫棚保护，可获得比露地栽培更为良好的效果。刚上盆的花苗和老株，有的虽是阳性花卉，也需在荫棚内养护一段时间渡过缓苗期。

2. 地点的选择

荫棚应建在地势高燥、通风和排水良好的地段，棚内地面应铺设一层炉渣、粗沙或卵石，以利于排出盆内多余的积水。

荫棚的位置应尽量搭在温室附近，这样可以减少春、秋两季搬运盆花时的劳动强度，但不能遮挡温室的阳光。荫棚的北侧应空旷，不要有挡风的建筑物，以免盛夏季节棚内闷热而引起病虫害发生。如果在荫棚的西、南两侧有稀疏的林木，对降温、增湿和防止西晒都非常有利。

3. 类型和规格

【建造形式】

荫棚有临时性和永久性两类。临时性荫棚于每年初夏使用时临时搭设，秋凉时逐渐拆除。主架由木材、竹材等构成。永久性荫棚是固定设备，骨架用水泥柱或铁管构成。

【规格和尺寸】

荫棚的高度应以本花场内养护的大型阴性盆花的高度为准，一般不应低于2.5 m。立柱之间的距离可按棚顶横担料的尺寸来决定，一般为2～3 m，否则花木搬运不便，并会减少棚内的使用面积。一般荫棚都采用东西向延长，荫棚的总长度应根据生产量来计算，每隔3 m立柱一根，还要加上棚内步道的占地面积。整个荫棚的南北宽度一般为8～10 m，太宽则容易通风不畅；太窄，遮阴效果不佳，而且棚内盆花的摆放也不便安排。

如果需将棚顶所盖遮阴材料延垂下来，注意其下缘应距地60 cm左右，以利通风。荫棚中，可视其跨度大小沿东西向留1～2条通道（图2-9）。

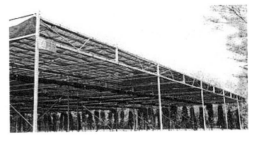

图 2-9　荫棚的构造

（四）冷床与温床

冷床与温床是花卉栽培的常用设施。只利用太阳辐射热而不加温的叫冷床；除利用太阳辐射热外，还需人为加温的叫温床。

1. 冷床

冷床是不需要人工加温而只利用太阳辐射维持一定温度，使植物安全越冬或提早栽培繁殖的栽植床。它介于温床和露地栽培之间的一种保护地类型，又称阳畦。广泛用于冬春季节日光资源充足而且多风的地区，主要用于二年生花卉的越冬及一、二年生花卉的提前播种，耐寒花卉促成栽培及温室种苗移栽露地前的锻炼（图 2-10）。

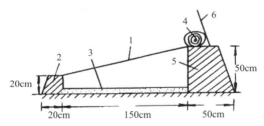

1. 塑料薄膜；2. 南框；3. 培养土；4. 草帘；5. 北框；6. 风障

图 2-10　冷床结构示意

2. 温床

目前常用的是电热温床。选用耐高温的绝缘材料、耗电少、电阻适中的加热线作为热源，发热 50 ~ 60 ℃。在铺设线路前先垫以 10 ~ 15 cm 厚的煤渣等，再盖以 5 cm 厚的河沙，加热线以 15 cm 间隔平行铺设，最后覆土。温度可用控温仪来控制（图 2-11）。

1. 电热线；2. 培养土；3. 土壤；4. 隔热层；5. 畦埂

图 2-11　电热温床纵断面示意

3. 冷床与温床的功能

【提前播种，提早花期】

花卉春季露地播种需在晚霜后进行，而利用冷床或温床可在晚霜前 30 ～ 40 d 播种，以提早花期。

【促成栽培】

秋季在露地播种育苗，冬季移入冷床或温床使之在冬季开花，或在温暖地区冬季播种，使之在春季开花。如球根花卉水仙、百合、风信子、郁金香等常在冬季利用冷床进行促成栽培。

【保护越冬】

在北方一些二年生花卉不能露地越冬，可在冷床或温床中秋播并越冬，或在露地播种，幼苗于早霜前移入冷床中保护越冬，如三色堇、雏菊等。在长江流域，一些半耐寒性盆花，如天竺葵、小苍兰、万年青、芦荟、天门冬以及盆栽灌木等，常在冷床中保护越冬。

【小苗锻炼】

在温室或温床育成的小苗，在移入露地前，需先于冷床中进行锻炼，使其逐渐适应露地气候条件，然后移栽露地。

【扦插】

在炎热的夏季，可利用冷床进行扦插，通常在 6—7 月进行。

二、温室大棚内的环境调控

（一）温　度

1. 降温系统

温室中常用的降温设施有：自然通风系统（侧通风窗和顶通风窗等）、强制通风系统（排风扇）、遮阴网（内遮阴和外遮阴）、湿帘—风机降温系统、微雾降温系统。一般温室不采用单一的降温方法，而是根据设备条件、环境条件和温度控制要求采用以上多种方法组合。

【自然通风和强制通风降温】

通风除降温作用外，还可降低设施内湿度，补充 CO_2 气体，排除室内有害气体。

自然通风系统：温室的自然通风主要是靠顶开窗来实现的，让热空气从顶部散出。简易温室和日光温室一般用人工掀起部分塑料薄膜进行通风，而大型温室则设有相应的通风装置，主要有天窗、侧窗、肩窗、谷间窗等。自然通风适于高温、高湿季节的通风及寒冷季节的微弱换气。

强制通风系统：利用排风扇作为换气的主要动力，强制通风降温。由于设备和运行费用较高，主要用于盛夏季节需要蒸发降温，或开窗受到限制、高温季节通风不良的温室。排风扇一般和水帘结合使用，组成水帘—风扇降温系统。当强制通风不能达到降温目的时，水帘开启，启动水帘降温（图2-12）。

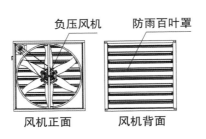

图 2-12　通风设备

【蒸发降温系统】

蒸发降温是利用水蒸发吸热来降温，同时提高空气的湿度。蒸发降温过程中必须保证温室内外空气流动，将温室内高温、高湿的气体排出温室并补充新鲜空气，因此必须采用强制通风的方法。高温高湿的条件下，蒸发降温的效率会降低。目前采用的蒸发降温方法有湿帘—风机降温和喷雾降温。

【湿帘—风机降温】

湿帘—风机降温系统由湿帘箱、循环水系统、轴流风机、控制系统4部分组成。降温效率取决于湿帘的性能，湿帘必须有非常大的表面积与流过的空气接触，以便空气和水有充分的接触时间，使空气达到近水饱和。湿帘的材料要求有强的吸附水的能力、强通风透气性能、多孔性和耐用性。国产湿帘大部分是由压制成蜂窝结构的纸制成的（图2-13）。

图 2-13　风机湿帘

【喷雾降温】

喷雾降温是直接将水以雾状喷在温室的空中，雾粒直径非常小，只有50～

90 μm，可在空气中直接汽化，雾滴不落到地面。雾粒汽化时吸收热量，降低温室温度，其降温速度快，蒸发效率高，温度分布均匀，是蒸发降温的最好形式。喷雾降温效果很好，但整个系统比较复杂，对设备的要求很高，造价及运行费用都较高。

【遮阴网降温】

遮阴网降温是利用遮阴网（具一定透光率）减少进入温室内的太阳辐射，起到降温效果。遮阴网还可以防止夏季强光、高温条件下导致的一些阴生植物叶片灼伤，缓解强光对植物光合作用造成的光抑制。遮阴网遮光率的变化范围为25%～75%，与网的颜色、网孔大小和纤维线粗细有关。遮阴网的形式多种多样，目前常用的遮阴材料，主要是黑色或银灰色的聚乙烯薄膜编网，对阳光的反射率较低，遮阴率为45%～85%。欧美一些国家生产的遮阴网形式很多，有内用、外用各种不同遮阴率的遮阴网及具遮阴和保温双重作用的遮阴幕，多为铝条和其他透光材料按比例混编而成，既可遮挡又可反射光线。

【温室外遮阴系统】

温室外遮阴是在温室外另外安装一个遮阴骨架，将遮阴网安装在骨架上。遮阴网用拉幕机构或卷膜机构带动，自由开闭；驱动装置手动或电动，或与计算机控制系统联接，实现全自动控制。温室外遮阴的降温效果好，它直接将太阳能阻隔在温室外。缺点是需要另建遮阴骨架；同时，因风、雨、冰雹等灾害天气时有出现，对遮阴网的强度要求较高；各种驱动设备在露天使用，要求设备对环境的适应能力较强，机械性能优良。遮阴网的类型和遮光率可根据要求具体选择（图2-14）。

图2-14　遮阴网遮阴

【温室内遮阴系统】

温室内遮阴系统是将遮阴网安装在温室内部的上部，在温室骨架上拉接金属或塑料网线作为支撑系统；将遮阴网安装在支撑系统上，不用另行制作金属骨架，造价较温室外遮阴系统低。温室内遮阴网因为使用频繁，一般采用电动控制或电动加手动控制，或由温室环境自动控制系统控制。

温室内遮阴与同样遮光率的温室外遮阴相比，效果较差。温室内遮阴的效果主要取决于遮阴网反射阳光的能力，不同材料制成的遮阴网使用效果差别很大，以缀铝条的遮阴网效果最好。

温室内遮阴系统往往还起到保温幕的作用，在夏季的白天用作遮阴网，降低室温；在冬季的夜晚拉开使用，可以将从地面辐射的热能反射回去，降低温室的热能散发，可以节约能耗 20% 以上。

2. 保温和加温系统

【保温设备】

一般情况下，温室通过覆盖材料散失的热量损失占总散热量的 70%，通风换气及冷风渗透造成的热量损失占 20%，通过地下传出的热量损失占 10% 以下。因此，提高温室保温性途径主要是增加温室围护结构的热阻，减少通风换气及冷风渗透。

（1）室外覆盖保温设备。包括草苫棉被及特制的温室保温被。多用于塑料棚和单屋面温室的保温，一般覆盖在设施透明覆盖材料外表面。傍晚温度下降时覆盖，早晨开始升温时揭开（图 2-15）。

（2）室内保温设备。主要采用保温幕。保温幕一般设在温室透明覆盖材料的下方，白天打开进光，夜间密闭保温。连栋温室一般在温室顶部设置可移动的保温幕（或遮阴 / 保温幕），人工、机械开启或自动控制开启。保温幕常用材料有无纺布、聚乙烯薄膜、真空镀铝薄膜等，在温室内增设小拱棚后也可提高栽培畦的温度，但光照一般会减弱 30 %，且不适用于高秆植物，在花卉生产中不常用（图 2-16）。

图 2-15　日光温室棉被保温

图 2-16　智能温室内保温

【加温系统】

温室的采暖方式主要有热水式采暖、热风式采暖、电热采暖和红外线加温等。

（1）热水加温。热水采暖系统由热水锅炉、供热管道和散热设备3个基本部分组成。热水采暖系统运行稳定可靠，是玻璃温室目前最常用的采暖方式。其优点是温室内温度稳定、均匀，系统热惰性大，温室采暖系统发生紧急故障，临时停止供暖时，2 h内不会对作物造成大的影响。其缺点是系统复杂，设备多，造价高，设备一次性投资较大。

（2）热风加温。热风加温系统由热源、空气换热器、风机和送风管道组成。热风加温系统的热源可以是燃油、燃气、燃煤装置或电加温器，也可以是热水或蒸汽。热源不同，热风加温系统的安装形式也不一样。蒸汽、电热或热水式加温装置的空气换热器安装在温室内，与风机配合直接提供热风。燃油、燃气的加温装置安装在温室内，燃烧后的烟气排放到室外大气中，如果烟气中不含有害成分，可直接排放至温室内。燃煤热风炉一般体积较大，使用中也比较脏，一般都安装在温室外面。为了使热风在温室内均匀分布，由通风机将热空气送入均匀分布在温室中的通风管。通风管由开孔的聚乙烯薄膜或布制成，沿温室长度布置。通风管重量轻，布置灵活且易于安装（图2-17）。

图 2-17　温室热风炉加温

热风加温系统的优点是温度分布比较均匀，热惰性小，易于实现快速温度调节，设备投资少。其缺点是运行费用高，温室较长时，风机单侧送风压力不够，造成温度分布不均匀。

（3）电加温。电加温系统一般用于热风供暖系统。另外一种较常见的电加温方式是将电热线埋在苗床或扦插床下面，用以提高地温，主要用于温室育苗。电能是最清洁、方便的能源，但电能本身比较贵，因此只作为临时加温措施。

图2-18　温室烟道加温

中国北方地区的简易温室还常采用烟道加热的方式进行温室加温（图2-18）。

温室采暖方式和设备选择涉及温室投资、运行成本和经济效益，所以需要慎重考虑。温室加温系统的热源从燃烧方式上分为燃油式、燃气式、燃煤式3种。燃气式设备装置最简单，造价最低。燃油式设备造价比较低，占地面积比较小，土建投资也低，设备简单，操作容易，自动化控制程度高，有的可完全实现自动化控制，但燃油设备运行费用比较高，相同的热值比燃煤费用高3倍。燃煤式设备操作比较复杂，设备费用高，占地面积大，土建费用比较高，但设备运行费用在3种设备中最低。从温室加温系统来讲，热水式系统的性能好，造价高，运行费用低；热风式系统性能一般，造价低，运行费用高。在南方地区，温室加温时间短，热负荷低，采用燃油式的设备较好，加温方式以热风式较好。在北方地区，冬季加温时间长，采用燃煤热水锅炉比较保险，虽然一次投资比较大，但可以节约运行费用，长期计算还是合适的。

（二）光　照

1. 遮光幕

使用遮光幕的主要目的是通过遮光缩短日照时间。用完全不透光的材料铺设在设施顶部和四周，或覆盖在植物外围的简易棚架的四周，严密搭接，为植物临时创造一个完全黑暗的环境。常用的遮光幕有黑布、黑色塑料薄膜两种，现在也常使用一种一面白色反光、一面为黑色的双层结构的遮光幕（图2-19）。

图2-19　温室遮光幕

2. 补光设备

补光的目的一是延长光照时间，二是在自然光照强度较弱时，补充一定光强的光照，以促进植物生长发育，提高产量和品质。补光方法主要是用电光源补光（图2-20）。

图2-20　温室补光灯

用于温室补光的理想的人造光源要求要有与自然光照相似的光谱成分，或光谱成分近似于植物光合有效辐射的光谱要有一定的强度，能使床面光强达到光补偿点以上和光饱和点以下，一般在 30 ～ 50 klx，最大可达 80 klx。补光量依植物种类、生长发育阶段以及补光目的来确定。用于温室补光的光源主要有白炽灯、荧光灯、高压汞灯、金属卤化物灯、高压钠灯。它们的光谱成分不同，使用寿命和成本也有差异。

在短日条件下，给长日照植物进行光周期补光时，按产生光周期效应有效性的强弱，各种电光源可以排列如下：白炽灯 > 高压钠灯 > 金属卤化灯 = 冷白色荧光灯 = 低压钠灯 > 汞灯

除用电灯补光外，在温室的北墙上涂白或张挂反光板（如铝板、铝箔或聚酯镀铝薄膜）将光线反射到温室中后部，可明显提高温室内侧的光照强度，可有效改善温室内的光照分布。这种方法常用于改善日光温室内的光照条件。适用于花卉栽培的人工光源及其效能（表 2-2）。

表 2-2　适用于花卉栽培的人工光源及其效能

灯型	功率（W）	应用范围
白炽灯	50 ～ 150	光周期
荧光灯	50 ～ 100	光周期、光合作用
小型气体放电灯	25 ～ 180	光周期
高压水银灯	50 ～ 400	光合作用
金属卤化灯	400	光合作用
高压钠灯	350 ～ 400	光合作用

（三）水　分

灌溉系统是温室生产中的重要设备，目前使用的灌溉方式大致有人工浇灌、漫灌、喷灌（移动式和固定式）、滴灌、渗灌等。前两者为较原始的灌溉方式，无法精确控制灌溉的水量，也无法达到均匀灌溉的目的，常造成水肥的浪费。人工灌溉现在多只用于小规模花卉生产。后几种方式多为机械化或自动化灌溉方式，可用于大规模花卉生产，容易实现自动控制灌溉。典型的滴灌系统由贮水池（槽）、过滤器、水泵、注肥器、输入管道、滴头和控制器等组成。使用滴灌系统时，应注意水的净化，以防滴孔堵塞，一般每盆或每株植物一个滴箭。

固定式喷灌是喷头固定在一个位置，对作物进行灌溉的形式，目前温室中主

图 2-21　温室灌溉设备

要采用倒挂式喷头进行固定式喷灌。固定式喷灌还适用于露地花卉生产区及花坛、草坪等各种园林绿地的灌溉。移动式喷灌采用吊挂式安装，双臂双轨运行，从温室的一端运行到另一端，使喷灌机由一栋温室穿行到另一栋温室，而不占用任何种植空间，一般用于育苗温室（图 2-21）。

渗灌是将带孔的塑料管埋设在地表下 10～30 cm 处，通过渗水孔将水送到作物根区，借毛细管作用自下而上湿润土壤。渗灌不冲刷土壤、省水、灌水质量高、土表蒸发小，而且降低空气湿度。缺点是土壤表层湿度低、造价高，管孔堵塞时检修困难。

除以上所提及的灌溉方式外，欧美国家的温室花卉生产中还常采用多种其自动灌溉方式，如湿垫（毛细管）灌溉、潮汐式灌溉系统等。

（四）施肥方式

在花卉设施生产中肥料多采用缓释性肥料和营养液施肥。其中营养液施肥必须配备施肥系统，目前已经广泛地应用于无土栽培中。施肥系统可分为开放式（对废液不进行回收利用）和循环式（回收废液，废液进行处理后再行使用）两种。施肥系统一般是由贮液槽、供水泵、浓度控制器、酸碱控制器、管道系统及各种传感器组成。施肥设备的配置与供液方法的确定要根据栽培基质、营养液的循环情况及栽培对象而定。自动施肥机系统可以根据预设程序自动控制营养液中各种母液的配比、营养液的 EC 值和 pH 值、每天的施肥次数及每次施肥的时间，操作者只需要按照配方把营养液的母液及酸液准备好，剩下的工作就由施肥机来进行了，如丹麦生产的 Volmatic 施肥机系统。比例注肥器是一种简单的施肥装置，将注肥器连接在供水管道上，由水流产生的负压将液体肥料吸入混合泵与水按比例混合，供给植物。营养液施肥系统一般与自动灌溉系统（滴灌、喷灌）结合使用（图 2-22）。

图 2-22　温室施肥系统

CO_2 施肥可促进花卉作物的生长和发育进程，增加产量，提高品质，促进扦插生根，促进移栽成活，还可增强花卉对不良环境条件的抗性，已经成为温室生产中的一项重要栽培管理措施，但技术要求较高。现代化的温室生产中一般配备 CO_2 发生器，结合 CO_2 浓度检测和反馈控制系统进行 CO_2 施肥，施肥浓度一般在 $600 \sim 1\,500\ \mu L/L$，不能超过 $5\,000\ \mu L/L$。目前，CO_2 施肥已经在中国的蔬菜设施生产中广泛使用，相信不久的将来，CO_2 施肥措施会在中国的花卉设施生产起到非常重要的作用（图 2-23）。

图 2-23　二氧化碳发生器

三、温室大棚的设计要求

日光温室用作花卉生产主要是鲜切花、盆花、观叶植物的栽培等。

日光温室大多是以塑料薄膜为采光覆盖材料，以太阳辐射为热源，靠最大限度采光、加厚的墙体和后坡，以及防寒沟、纸被、草帘等一系列保温御寒设备以达到最小限度的散热，从而形成充分利用光热资源、减弱不利气象因子影响的一种我国特有的保护设施。这种温室一般不需要配备加温设备，近年来在花卉栽培中被广泛应用。由于日光温室在北方主要作为冬春季生产应用，建成后少则使用 $3 \sim 5$ 年，多则 $8 \sim 10$ 年，所以在规划设计建造时，都要在可靠、牢固的基础上实施，达到一定的技术要求。伊犁地区最冷的昭苏县就是率先建造并推广使用日光温室的，节能尤为明显（图 2-24）。现将日光温室的建造参数介绍如下。

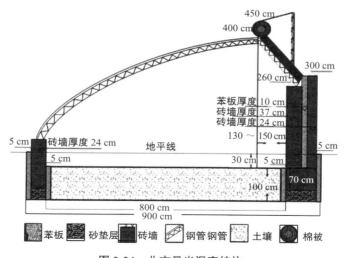

图 2-24　北方日光温室结构

1. 角度

包括屋面角、后屋面仰角和方位角。屋面角决定了温室采光性能，要使冬春阳光能最大限度地进入棚内，一般为当地地理纬度减少6.5°左右。如新疆伊犁地区纬度为44°～48°，平均屋面角度要达到37.5°～41.5°（其中底脚部分50°～60°，中段20°～30°，上段15°～20°）。后屋面仰角是指后坡内侧与地平面的夹角，要达到35°～40°，这个角度的加大是要求冬、春季节阳光能射到室内的后墙，使后墙受热后储蓄热量，以便夜间向室内散热。方位角系指一个温室的方向定位，要求温室坐北朝南、东西走向排列，向东或向西偏斜的角度应小于7°。走向应当与当地的为害性风向一致，以减小为害。我国不同地区日光温室的屋面角度可参考表2-3。

表2-3　我国部分城市日光温室屋面角度设计参考值

城市	北纬	冬至时太阳高度角	合理前屋面角	合理后屋面角
西安	34°15′	32°18′	30°15′	40°
郑州	34°43′	31°49′	30°43′	40°
兰州	36°03′	30°32′	32°03′	38°
西宁	36°35′	29°58′	32°35′	38°
延安	36°36′	29°57′	32°36′	38°
济南	36°41′	29°52′	32°41′	38°
太原	37°47′	28°38′	33°47′	36°30′
榆林	38°14′	28°15′	34°14′	36°
银川	38°29′	28°08′	34°29′	36°
大连	38°54′	27°40′	34°54′	35°30′
北京	39°54′	26°36′	35°54′	34°30′
呼和浩特	40°49′	25°44′	36°49′	34°
沈阳	41°46′	24°47′	37°46′	33°
乌鲁木齐	43°47′	22°46′	39°47′	31°
长春	43°54′	22°41′	39°54′	31°
哈尔滨	45°45′	20°18′	41°45′	29°
齐齐哈尔	47°20′	19°13′	43°20′	27°

2. 高度

包括矢高和后墙高度。矢高是指地面到脊顶最高处的高度，一般要达到 3 m 左右。由于矢高与跨度有一定的关系，在跨度确定的情况下，高度增加，屋面角度也增加，从而提高了采光效果。6 m 跨度的冬季生产温室，其矢高以 2.5 ～ 2.8 m 为宜；7 m 跨度的温室，其矢高以 3.0 ～ 3.1 m 为宜，后墙的高度为保证作业方便，以 1.8 m 左右为宜，过低影响作业，过高时后坡缩短，保温效果下降。

3. 跨度

是指温室后墙内侧到前屋面南底脚的距离。以 6 ～ 7 m 为宜。（不宜过大或过小，一般跨度加大 1 m 要相应增加脊高 0.2 m，后坡宽度要增加 0.5 m）这样的跨度，配之以一定的屋脊高度，既可以保证前屋面有较大的采光角度，又可使作物有较大的生长空间，便于覆盖保温，也便于选择建筑材料。如果加大跨度，虽然栽培空间加大了，但屋面角度变小，这势必采光不好，并且前屋面加大，又不利于覆盖保温，保温效果差，建筑材料投资也大，生产效果不好。

4. 长度

是指温室东西山墙间距离，以 50 ～ 60 m 为宜，也就是一栋温室净栽培面积为 350 m² 左右，利于一个强壮劳力操作。如果太短，不仅单位面积造价提高，而且东西两山墙遮阳面积与整栋温室面积的比例增大，影响产量。若超过 60 m，在管理上会增加许多困难，如产品、生产资料、苗木等搬运十分不便。故在特殊条件下，最短的温室也不能小于 30 m。

5. 厚度

即后墙、后坡、草苫的厚度。后墙的厚度根据地区和用材不同而有不同要求。在北纬 38°～ 45° 的西北、东北地区，后墙厚度应达到 80 ～ 150 cm 为好，黄淮地区应达到 80 cm 以上。砖结构的空心异质材料墙体厚度应达到 50 ～ 80 cm，才能起到吸热、贮热、防寒的作用。纬度越高温差越大，后墙外还应培防寒土、堆填秸秆、稻草等物，以提高保温性能。后坡为草坡的厚度，要达到 40 ～ 50 cm，对预制混凝土后坡，要在内侧或外侧加 25 ～ 30 cm 厚的保温层。草苫的厚度要达到 6 ～ 8 cm，即长 9 m、宽 1.1 m 的稻草苫要有 35 kg 以上，1.5 m 宽的蒲草苫要达到 40 kg 以上。

6. 前后坡比

指前坡和后坡垂直投影宽度的比例。在日光温室中前坡和后坡有着不同的功能。温室的后坡由于有较厚的厚度，起到贮热和保温作用；而前坡面覆盖透明覆盖物，白天起着采光的作用，但夜间覆盖物较薄，散失热量也较多，所以，它们的比例直接影响着采光和保温效果。

目前生产上主要有 3 种情况：第一种是短后坡式，前后坡投影比例为 7：1；第二种是长后坡式，前后坡投影比例为 2：1；第三种没有后坡，除了后墙和山墙外，都是采光面。现建造的日光温室大多用于冬季生产，为了保温必须有后坡，而且后坡长一些能提高保温效果。但是，后坡过长，前坡短，又影响白天采光，且栽培面积小。所以，从保温、采光、方便操作及扩大栽培面积等方面考虑，前后坡投影比例以 4.5：1 左右为宜，即一个跨度为 6～7 m 的温室，前屋面投影占 5～5.5 m，后屋面投影占 1.2～1.5 m。

7. 高跨比

指日光温室的高度与跨度的比例，二者比例的大小决定屋面角的大小，要达到合理的屋面角，高跨比以 1：2.2 为宜。即跨度为 7 m 的温室，高度应为 3 m 以上。

8. 防寒沟

在日光温室南侧挖 30～40 cm 宽、深 40～60 cm 的防寒沟，沟上加盖埋好，用空气隔热，效果良好。或者沟内填入稻草、麦秆、稻壳、炉渣等物踩实与地表平压盖，以阻止热向外传导，利于温室保温。

9. 通风口

通风换气是日光温室生产中的一项重要作业，一是为了室内有充足的 CO_2，二是放出水蒸汽，降低室内空气湿度。一般设两排通风口，一排在近屋脊处，高温高湿时易排出热气。另一排设在南屋面前沿离地 1 m 高处，主要是换进气体，太高会降低换气效果，太低则易使冷空气放入室内，出现"扫地风"，轻则影响作物正常生长，重则出现冷害、冻害。

10. 进出口

通常设在温室山墙一侧，可住人也可堆放杂物、肥料等，由于与温室相通，故应挂上门帘，以防冷空气进入室内。

第三章　花卉的繁殖方式

花卉繁殖是以自然或人工的方法来扩大群体，产生新的植物后代的过程。花卉繁殖不仅用于种苗的生产，而且在花卉种质资源保存、新品种培育过程中起到非常重要的作用。花卉繁殖主要分为有性繁殖和无性繁殖两大类。

一、有性繁殖

有性繁殖也称种子繁殖，是指经过减数分裂形成的雌、雄配子结合后，产生的合子发育成的胚，生长发育为新个体的过程。即通过有性生殖这个过程获得种子，再用种子培育出新植株。种子繁殖方法具备下列特性：种子便于储存、包装和运输；获得的实生苗后代根系发达，生长旺盛，适应性强；繁殖系数大，生长速度快，能在短时间内生产大量种苗；种子苗 F1 代有不同程度的性状分离，是新品种培育的常规方法。

（一）花卉种子类型

花卉种类繁多，各种植物的种子在形状、大小、色泽和硬度方面都有很大的差异，常作为识别各类种子和鉴定种子质量的依据。对种子分类的目的是为了更精确地识别和使用种子。一般按有无胚乳、粒径大小、表皮、形状及果实形态几个方面分类。

1. 按有无胚乳分类

种子可以分为有胚乳种子和无胚乳种子。有胚乳种子由胚、胚乳和种皮 3 部分构成，胚乳占种子的大部分体积，大多数花卉种子都有胚乳。无胚乳种子只有种皮和胚，子叶肥厚储藏大量营养物质，代替了胚乳的功能，占种子大部分体积，如香豌豆、慈姑等花卉。

2. 按粒径大小分类

根据种子长轴的长度来分类，粒径 5.0 mm 以上的为大粒种子，如牵牛、荷花、牡丹、紫茉莉、金盏菊等；粒径在 2.0 ~ 5.0 mm 的为中粒种子，如紫罗兰、矢车菊、凤仙花、一串红等；粒径在 1.0 ~ 2.0 mm 的为小粒种子，如三色堇、鸡冠花、半枝莲、报春花等；粒径在 0.9 mm 以下的为微粒种子，如金鱼草、矮牵牛、四季秋海棠、兰科植物等（图 3-1）。

图 3-1　紫茉莉种子、牡丹种子、一串红种子、半枝莲种子

3. 按种子表皮特性分类

可分为 3 类：种子无附属物的如半枝莲、凤仙花、紫茉莉、牵牛花等；种子坚硬的即硬实种子如荷花、美人蕉、牡丹等；种子被毛、翅、钩、刺的如矢车菊（冠毛）、紫罗兰（翅）、含羞草和千日红（毛）。

4. 按种子的形状分类

可分为椭圆形（如秋海棠）、卵形（如金鱼草）、倒卵形（如三色堇）、舟形（如金盏菊）、线形（如万寿菊）、球形（如紫茉莉）、肾形（如鸡冠花）。

5. 按果实形态分类

可分为干果类和肉质果类。干果是果实成熟时自然干燥、开裂而散出种子，或种子与干燥的果实一同脱落。干果类包括如蒴果、荚果、角果、瘦果、坚果、蓇葖果、分果等。大部分花卉种子属于干果类如三色堇、矮牵牛、金鱼草、报春花等。肉质果成熟时果皮含水量大，一般不开裂，成熟后从母体脱落或逐渐腐烂，常见的有浆果、核果等，如文竹和君子兰（浆果）。

（二）花卉种子采收

1. 种子的成熟

种子成熟有两个方面，一个是形态成熟，一个是生理成熟。形态成熟是种子的大小和形态已不再有变化，呈现出品种的固有色，可以作为收获指标。生理成熟是种子营养物质储藏到一定程度，种胚具有了发芽的能力，可以作为种用价值指标。成熟指标包括营养物质不再积累，养料运输已经停止，干物质不再增加，种子含水量降低到一定程度，果种皮内含物变硬，种胚具有了萌发能力。

大多数花卉植物的种子都是先达到生理成熟，再达到形态成熟。菊科、十字花科和报春花属的种子生理成熟和形态成熟过程几乎是同步，所以在适宜的环境条件下收获的种子可以立即发芽。蔷薇属、苹果属及李属等木本花卉的种子，在达到形态成熟时生理上还未成熟，需要生理后熟。兰科花卉果实成熟时形态和生理均为达到成熟状态，所以种子寿命很短。

2. 种子的采收

高品质的花卉种子需要从品种纯正、生长健壮、发育良好、无病虫害的植株上采收。花卉采种要适时采收，一般在种子形态成熟时，果实开裂或自行脱落时采收。

对于大多数干果类型植物，为了防止种子脱落，种子需在果实开裂前，清晨空气湿度大时采收；而有些群体开花结实期长的植物，种子陆续成熟脱落的，如半支莲、凤仙花和三色堇等，需从陆续开花的植株上分批采集成熟的种子；对于成熟后果实长期不开裂也不脱落的种类，如千日红、桂竹香、矮雪轮、屈曲花等，可以在整株全部成熟时一次性采收。肉果类植物成熟的指标是果皮变软，颜色由绿变成红、黄、紫、黑等，并散发香味，一般能自行脱落或逐渐腐烂。肉果类形态成熟后要及时采收。

3. 种子采后处理

干果类种子采集后需在阴凉通风处自然晾干、晒干或低温烘烤。一般含水量低的、果皮比较厚实的可以晒干，而含水量高的一般采用阴干法。如遇高温高湿天气，可以采用低温干燥法烘干种子。种子初步干燥后，再脱粒并去除掉发育不良的种子及杂质，最后再干燥达到安全含水量标准，一般为8% ～ 15%。

肉果类种子因果肉含有很多果胶及糖类，容易滋生病菌，所以果实采收后需及时处理。果肉可以用清水浸泡几天，或自然发酵后去掉外层果肉，然后将种子洗净晾干后再储藏。

不论是干果类还是肉果类种子，一般在净种工作台（图3-2）净种后还要采用风选、筛选及粒选等方法对种子进行分级储藏保存。

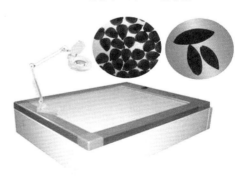

图3-2　种子净度工作台

（三）花卉种子贮藏

1. 种子的寿命与贮藏

【花卉种子的寿命】

花卉种子的寿命是指种子的生命力在一定环境条件下能保持活力的期限。生产上，种子的寿命一般通过取样测定群体的发芽率来表示。当一个种子群体的发芽率降低到原发芽率的 50% 左右时，从种子收获到半数种子存活的这段时间称为种子的半活期，既种子的群体寿命。种子寿命的终结以种子活力丧失为标志。了解花卉种子的寿命，在花卉栽培管理以及种子采收、储藏和种质保存上都有重要的意义。不同种类花卉的种子，其种皮构造及种子的化学成分不同，其寿命差别也很大。在自然条件下，花卉种子的寿命可以分为短寿命种子、中寿命种子和长寿命种子。

（1）短寿命种子（<1 年）。自然储存条件下，种子寿命仅数月至一年的。常见种类包括高温高湿地区无休眠期的植物如天南星科、兰科、非洲菊、球根秋海棠等，水生植物如睡莲科（荷花除外）、慈姑、灯心草等，种子在早春成熟的如报春花类、紫苑等。

（2）中寿命种子（1 ～ 5 年）。大多数花卉种子属于此类。

（3）长寿命种子（>5 年）。莲、美人蕉属及锦葵科等植物种子寿命都属于这一类。这类种子一般都含有不透水的硬种皮。

【影响花卉种子寿命的因素】

除了受自身遗传因素外，还受到内在因素如种子的成熟度、种皮的完好程度、种子的含水量及外在贮藏条件如温度、湿度、氧气和光照。

（1）种子的成熟度。充分成熟的种子含水量低，种子籽实饱满，种子寿命长。而没有完全成熟的种子含水量高，种皮不紧密，呼吸作用强，容易消耗营养物质，造成种子的寿命缩短。

（2）种子含水量。对大多数种子，种子的含水量在 5% ～ 8% 时，种子寿命越长。充分干燥的种子，能耐较高和较低的温度。当温度高时，由于种子水分不足也会阻止其生理活动，避免和减少种子营养物质的消耗。但过度干燥也会使种子丧失发芽力。种子贮藏的安全含水量，含油脂高的一般不超过 9%，含淀粉高的种子不超过 13%。

（3）种皮的完好程度。完好的种皮能够阻止氧气和水分的通过，使种子保持完好的休眠状态，延长其寿命。种皮受到损伤的种子，容易滋生病菌，影响种子寿命。

（4）温度。低温可抑制种子呼吸作用，延长其寿命。一般在 1 ～ 5 ℃温度下阳光不直射的条件下贮存为好。温度高时种子呼吸作用旺盛，营养物质消耗多，种子寿命缩短。

（5）湿度。湿度对于草本花卉种子寿命影响很大，多数种子干燥可以延长寿命，原因是水分不足阻止了生理活动，减少了贮藏物质的消耗。少数种子干燥迅速失去发芽力，如芍药、睡莲等。高温多湿种子发芽力降低，在空气相对湿度为20% ～ 25% 时，种子贮藏寿命最长。

（6）氧气和光照。氧气可以促进种子的呼吸作用，低氧条件下能抑制呼吸作用降低营养物质的消耗，如将种子存贮于其他气体中也能延长种子的寿命。多数种子需要避光保存，暴露于光照下会影响种子的发芽率及寿命。

2. 种子贮藏方法

花卉种子的发芽率在正常贮藏条件下多数是以恒定的速度降低的，大多数种子寿命为 1 ～ 5 年。随着贮藏时间的延长，发芽率和发芽势降低。种子活力丧失程度与种子的贮藏方法有密切关系，通过良好的贮藏方法，可以延长种子的寿命。低温、密闭、干燥环境可以最大限度地降低种子的生理活动，减少种子内营养物质消耗，从而延长种子的寿命，但是不同用途的种子采用不同的贮藏方法。日常生产和栽培中用到的贮藏方法如下。

【室内常温贮藏】

将充分干燥的花卉种子装进纸袋中，放置于通风环境中贮藏，一般适用于第二年内即将播种的花卉种子。

【干燥密封贮藏】

将充分干燥的种子放入密闭容器中阴凉处贮藏，这个方法适用于容易丧失活力的种子的中长期保存。

【干燥低温密闭法】

将充分干燥的种子放入密闭容器中，放置于 1 ～ 5 ℃冷库或冰箱中贮存，可以很长时间地保存种子。

【湿藏法】

在一定的湿度、较低温度和通风条件下，将种子与湿沙分层堆积，利于种子维持一定的含水量。这个方法一般适用于大多数木本花卉种子，尤其是对于一些含水量高、休眠期长又需要催芽的种子，如牡丹和芍药。

【水藏法】

种子采收后，将植物种子立即贮藏于水中。这个方法适用于某些水生花卉的种子贮藏，如睡莲和王莲等。

（四）播种前处理

播种前进行种子处理可以防止种子携带病菌的为害和土壤中的病虫害，保护种子正常发芽和出苗生长；还能提高种子对不利土壤和气候条件的抗逆能力，增加成苗率。常见的播种前种子处理包括普通种子消毒处理、种子包衣、种子催芽及土壤消毒。

1.种子消毒处理

种子消毒可杀死种子本身所带的病菌，保护种子免受土壤中病虫害的侵害，一般采用药剂化学药剂浸种或拌种和物理方法进行。

【浸种消毒】

将种子浸入一定浓度的消毒液中一定时间，杀死种子所带的病菌或种子萌发后所受到的病菌或虫害，然后捞出用清水洗净，阴干种子，这个过程称为浸种。常用的消毒剂有甲醛（福尔马林）、多菌灵、高锰酸钾溶液、石灰水溶液、硼酸、托布津、氢氧化钠、磷酸三钠、次氯酸钠等。消毒前先把种子用清水浸泡一段时间，然后浸种。浸种的药剂浓度一般和浸种时间有关，浓度低浸种时间可略长一点，浓度高浸种时间要缩短。浸过的种子要冲洗和晾晒，对药剂忍受力差的种子在浸过后，应按要求用清水冲洗，以免发生药害（图3-3）。

【拌种消毒】

将种子与混有一定比例的药剂相互掺合在一起，以杀死种子所带病菌同时防止土壤中病虫害为害种子，然后共同施入土壤。常用的药剂有多菌灵、福美双、甲基托布津、粉锈宁、辛硫磷、代森锌、赛力散（过磷酸乙基汞）、敌克松、西力生（氯化乙基汞）等。根据药剂的性质，可以采用干拌法和湿拌法。干拌法要求种子和药粉都必须是干燥的，否则会造成拌种不均匀，产生药害，影响种子的发芽率。药粉用量一般占种子重量的 0.2% ～ 0.5%，拌种时药剂和种子都要分成 3 ～ 4 批加入，然后适当旋转拌种容器使之拌和均匀。内吸型杀菌剂一般采用湿拌法即把药粉用少量的水弄湿，然后拌种，或把干的药粉拌在湿的种子上，使药粉粘在种子表面，待播种之后，药剂慢慢溶解并吸收到植物体内向上传导（图3-4）。

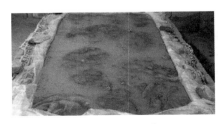

图 3-3　浸种消毒　　　　　　图 3-4　拌种消毒

【晒种】

播前晒种能促进种子的后熟，增加种子酶的活性，同时能降低水分，提高种子发芽势和发芽率。还可以杀虫灭菌，减轻病虫害的发生。一般选择晴天晒种 2 ～ 3 d 即可（图 3-5）。

【温汤浸种】

温汤浸种是根据种子的耐热能力常比病菌耐热能力强的特点，用较高温度杀死种子表面和潜伏在种子内部的病菌，并兼有促进种子萌发的作用。一般在 45 ～ 55 ℃的热水中浸泡半个小时内（图 3-6）。

图 3-5　晒种消毒

图 3-6　温汤浸种

2. 种子包衣

为了适应机械化快速、均匀地播种需要，许多花卉种子采用不同的包衣处理。种子包衣是以种子为载体，种衣剂为原料，包衣剂为手段，集生物、化工、机械等技术与一体，利用黏着剂或成膜剂、杀虫剂、杀菌剂、微肥、植物生长调节剂及着色剂等包裹在种子外面，以使种子成球形或保持原有形状的综合技术。根据所用的包衣剂的不同，将种子包衣方法分为种子包膜和丸粒化处理两种方法。

【种子包膜】

种子包膜是指在种子外部喷上一层较薄的含有杀菌剂、杀虫剂、植物生长调节剂及荧光颜料的成膜剂，种子在包衣处理后仍保持原有的大小和形状，只是种皮颜色会因包衣剂的颜色而有所改变。包衣处理使种子在播种机上更容易流动，因涂层含有杀菌剂、杀虫剂和植物生长调节剂，种子萌发率要比没有包衣的种子高，而且不容易受到病害和虫害。因涂层含有荧光颜料，种子是否在穴盘中播种很容易识别。种子包膜一般适用于中粒花卉种子（图 3-7）。

图 3-7　种子包衣

【丸粒化处理】

丸粒化处理是指在种子外部包裹一层带凝固剂的黏土料，还有含杀菌剂、杀虫剂、植物生长调节剂及荧光颜料的包衣剂。丸粒化技术采用多层包衣，里层是能促进种子萌发的植物生长调节剂，中间为肥料，外部为杀虫剂、杀菌剂等。这种包衣处理将种子加工成了大小和形状无明显差异的球形单粒种子，改变了种子形状，增加小粒种子或不规则种子的体积和均匀度，并提高畸形种子在播种机内的流动性。包衣剂中其他物质能促进种子的萌发，免受病虫害的为害。常用丸粒化包衣处理的植物，如矮牵牛、秋海棠、六倍利等小粒种子花卉（图3-8）。

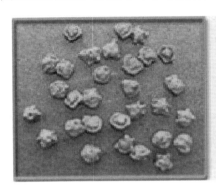

图 3-8　丸粒化处理种子

3. 种子催芽

有的花卉种子由于胚未成熟或胚发育完全但是种子内存在抑制萌发的物质，导致种子处于休眠期；硬实花卉种子具有坚硬种皮，不能透水透气，从而抑制了种子的萌发。为了播种后能达到出苗迅速、整齐、均匀、健壮的标准，一般在播种前需要进行催芽处理。常用的催芽方式有以下几种。

【层积处理】

层积处理是将种子和湿润的沙子分层堆放于 3 ～ 10 ℃的低温库中 1 ～ 3 个月。层积处理能使种子的抑制物质脱落酸下降，还能使促进种子发芽的赤霉素和细胞分裂素含量的增加。这个方法一般适用于种子或果实内存在化学抑制物质的花卉种子如蔷薇科的木本花卉。

【植物生长调节剂处理】

赤霉素、细胞分裂素和乙烯等植物生长调节物质都能解除种子休眠，促进种子萌发，其中赤霉素效果最为显著，可以代替层积作用和低温处理。

【机械破损】

可以用沙子或砂纸与种子摩擦，磨破或去除种皮来促进萌发。适用于有坚硬种皮的种子如羽扇豆、荷花、美人蕉等。

【清水浸种】

植物种子经 35 ～ 40 ℃温水浸种后种皮透性增加能促进种子的萌发，或者将某些种子放入沸水中。主要适用于有坚硬种皮的种子。

【化学药剂处理】

用化学药剂如硫酸或过氧化氢处理具有坚硬种皮的种子，使其种皮表面产生破损从而促使水分和氧气进入种子，促进种子萌发。

【人工组织培养】

将没有发育完全的胚放置于人工培养基上使其分化从而促进种子的萌发。主要适用于是兰科花卉的种子。

（五）有性繁殖的方法与技术

1. 苗床播种育苗（裸根苗）

苗床播种育苗是先将花卉种子播种于育苗床中，然后经分苗后再培养的方法。这种方法便于幼苗集中养护管理同时节约成本。根据播种地气候条件，可以采用露地苗床或温室内苗床播种。

【播前整地】

选用土质较好、日光充足、空气流通、排水良好的地方作为播种苗床。为了给种子发芽和幼苗出土创造一个良好的条件，也为了便于幼苗的养护管理，在播种前需要细致整地。整地的要求是苗床平坦，土块细碎、上虚下实，畦梗通直。土壤湿度以手握成团，抛开即散为原则。整地时要施入种肥便于幼苗的萌发。

【播种时期】

播种时期需要根据不同花卉的遗产特性、耐寒力、越冬温度而定。幼苗萌发后能有一段相当长的适宜气候来完成其营养生长是选择播种时期的主要依据。适时播种能保证种子萌发后苗木的苗壮成长。

多年生宿根花卉的播种期依据其耐寒力的强弱为依据。耐寒性强的落叶宿根花卉春播、夏播、秋播均可以。但是对种子需要低温打破休眠的宿根种类如芍药、牡丹等，播种时期必须为秋天。不耐寒常绿宿根花卉宜春播。

【播种量】

播种量是单位面积上播种种子的重量。适宜的播种量可以节约种子成本同时保证幼苗有足够的空间生长。播种量是根据单位面积上需种植的苗木数量，种子的千粒重，纯净度及发芽率来决定的。播种量（g/m²）=（每平方米需留苗数 × 种子的千粒重）/（纯净度 × 发芽率 ×1 000）。

【播种方法】

根据种子粒径的大小可分为撒播、条播和点播。撒播就是将种子均匀地撒于苗床上，为了使细小的种子撒播均匀，一般将种子混入细沙后再撒播，这个方法适用于小粒种子的花卉种类如一串红和矮牵牛等。条播是按一定的株行距将种子均匀地撒播在苗床上的播种沟内，这个方法适用于中粒种子的花卉种类。点播是将种子按一定的株行距逐粒播于苗床上，这个方法适用于大粒种子，如牡丹的播种。

【播种深度】

播种深度以种子直径的 2～3 倍为宜，具体播种深度取决于种子的发芽力、发芽方式和覆土等因素。小粒种子和发芽力弱的种子适宜浅播，大粒种子和发芽势强的种子适宜深播。春夏播种覆土宜薄，秋播覆土宜厚。播种后覆盖的土层最好是过筛的细土，可选用沙土、泥炭土、腐殖质土等，从而起到土壤保温、保湿、通气，利于幼苗萌发。此外，播种深度要一致才能保证幼苗萌发整齐。

【播后覆盖】

为防止雨水冲刷种子，播后一般覆盖稻草或无纺布，待种子萌发后需撤掉覆盖物。

图 3-9　草花穴盘无土育苗

2. 穴盘播种育苗（容器苗）

穴盘播种是以穴盘为容器，选用泥炭土混合蛭石或珍珠岩为基质，采用穴盘播种机自动播种。发芽率高的种子一般每穴 1 粒，发芽率较低的种子需要每穴需放置 2～3 粒。播种后放置于催芽室内催芽，萌发后放置于温室内培养，因在温室内播种生长，播种时间不受季节的限制（图 3-9）。因此，穴盘育苗在花卉育苗上的应用是一种新的发展趋势。

【穴盘育苗特点】

相对于苗床裸根苗育苗，穴床育苗的优点是播种后出苗快，幼苗整齐，成苗率高，节省种子量；苗龄短，幼苗健壮；因为幼苗与幼苗之间互不竞争，都有自己生长的单独空间，一穴一苗，根系生长健壮完整，移植成活率高。苗床面积小，管理方便，便于运输；不用泥土，基质通过消毒处理，苗期病虫害少。操作简单，节约人力。但是穴盘育苗需要一些专用机械设备如混料机、穴盘填充机、播种机、覆盖机等，对肥水及生长环境要求很高，需要精细管理。

【穴盘容器选择】

穴盘的穴格及形状与幼苗根系的生长有密切关系。圆锥形穴盘或非倒梯形穴盘，根部容易环绕周围长，不利于根系的生长，透明的穴盘透光率比较高，根系见光后容易死亡，所以一般选择黑色、方口、倒梯形的穴盘。其次穴格体积大，基质容量大，其水分、养分蓄积量大，对供给幼苗水分的调节能力也大；另外，相对地还可以提高通透性，对根系的发育也有利。但穴格越大，穴盘单位面积内的穴格数目越少，影响单位面积的产量，价格或成本会增加。常见的穴盘的规格有 288 孔、200 孔、128 孔或 50 孔，穴盘规格的选择主要视育苗时间的长短、根系深浅和商品苗的规格来确定。对使用过的穴盘，再次使用前必须消毒，常用方法是 600 倍液多菌灵，800 ~ 1 000 倍液杀灭尔等杀菌剂洗刷或喷洒，之后用清水冲洗干净（图 3-10）。

图 3-10　育苗穴盘

【基质选择】

适用于穴盘苗的基质应结构疏松、质地轻、颗粒大、pH 值 5.5 ~ 6.5。基质和水必须有一定的容量，能保持一定的水分；另外还必须有一定的孔隙度，既要保水又要透气，能给苗充足的水分。基质材料必须一致，基质无菌、无虫卵、无杂物及杂草种子。根据不同花卉生长发育的需求来配制栽培基质，常用栽培基质种类有草灰土、珍珠岩、椰糠、蛭石等。常用比例草灰土：珍珠岩：蛭石 =1 ： 1 ： 1。按照每立方米基质添加 3 kg 复合肥，将育苗基质和肥料混合后装盘。

基质填充时首先要把基质湿润，先喷水，有一定的含水量，要求达到 60%，用手一握能成团，但水不能从指头缝滴出来，松手的时候，用手轻轻一捅这个团要能散开。填充时要均匀一致，填的料必须一样多，这样播完种以后能均匀出苗，好管理。装穴盘可机械操作，也可人工填装。注意尽量使每个穴孔填装均匀，并轻轻镇压，使基质中间略低于四周。播种时力求种子落在穴孔正中。

【穴盘播种机】

穴盘播种机基本分为针式播种机、滚筒式（鼓式）播种机和盘式（平板式）播种机3种。针式播种机利用一排吸嘴从振动盘上吸附种子，当育苗盘达到播种机下方时，吸嘴将种子释放，种子经下落管和接收杯后落在育苗盘上进行播种，然后吸嘴自动重复上述动作进行播种。播种速度可达2 400行/h（128穴的穴盘最多每小时可播150盘），无级调速，能在各种穴盘、平盘或栽培钵中播种，并可进行每穴单粒、双粒或多粒形式的播种。针式播种机因配有不同直径的吸嘴，是适应范围最广的播种机，从细小的矮牵牛到大粒的美人蕉种子均可使用，适合中小育苗企业使用（图3-11）。

滚筒式播种机利用带有多排吸孔的滚筒，首先在滚筒内形成真空吸附种子，转动到育苗盘上方时滚筒内形成低压气流释放种子进行播种，然后滚筒内形成高压气流冲洗吸孔，接着滚筒内重新形成真空吸附种子进入下一循环的播种。相对于针式播种机，播种精密度提高，播种速度快，播种速度高达1 8000行/h（128穴的穴盘最多每小时可播1 100盘），适合于大中型育苗企业的精密播种。

图3-11　穴盘播种机

盘式（平板式）播种机利用带有吸孔的盘播种，首先在盘内形成真空吸附种子，再将盘整体转动到穴盘上方，并在盘内形成正压气流释放种子进行播种，然后盘回到吸种位置重新形成真空吸附种子，进入下一循环的播种。播种方式为间歇步进式整盘播种，播种速度相对于前两者更快，一般为1 000～2 000盘/h，适用于大型专业育苗企业，年育苗量在5 000万株以上。

【播后覆盖】

多数种子播种后需要用播种基质或其他基质进行覆盖，以保证正常萌发和出苗。如大粒种子三色堇、万寿菊、翠菊等，必需覆盖才能保证种子周围有充足的水分以保证其萌发。有些花卉如避光下才能萌发的如仙客来、福禄考、蔓长春花等需要深度覆盖才能使种子萌发。光照抑制幼苗根系的发育，覆盖的另一好处是覆盖后利于种子根系的发育。覆料厚度以种子的大小为依据，小粒种子覆盖需浅一些，大粒种子覆盖需深一些。还有整个穴盘覆料应厚薄均匀一致，一般通过播种机或人工完成覆料操作。覆盖的基质以疏松透气的基质为主，一般选用播种基质、蛭石、沙子。

3. 实生幼苗的管理

【露地苗床育苗的苗期养护管理】

花卉植物种子发芽之后，到生长旺盛期和开花期之前的这一段时间，称为苗期。苗期生长通常分为两个阶段，即生长初期（幼苗期）和生长旺期（大苗期），不同的生长阶段，有着不同的管理方法。生长初期与生长旺期之间，有一个过渡点，就是离乳期，离乳期通常出现在幼苗 5～6 片真叶的时候（但因植物种类而有不同）。这个时期，幼苗的子叶或胚乳养分基本消耗完毕，此时真叶数量增多，能自主进行光合作用，生长开始逐步加快。因此，对于苗期的划分，就以这个过渡点为标准。一般苗床播种幼苗的管理主要指幼苗期的管理，包括浇水、间苗和除草。

幼苗期一般指（出苗之后到 5～6 片真叶前）。幼苗期植物生长特点是生长缓慢，养分供给全靠子叶或者胚乳供给，根系浅而少，地上部植株弱小。主要的养护管理措施是浇水、除草。浇水原则以子叶或者第 1 片（对）真叶展开为依据。子叶展开之前，保持土壤湿润，浇水以喷雾为主，少量多次。当叶子展开之后，根据表层土壤的干旱情况浇水，因幼苗根系仍然不是很发达，浇水原则是间干间湿，即指干燥和湿润要有间隔，需要浇水时则浇透水。为避免引起肥害，幼苗期一般不施追肥。多数幼苗萌发后，应根据苗子生长情况适当间苗。间苗一个目的是去除混在幼苗中间的杂草，为避免杂草和幼苗竞争空间，另一个目的是去除长势相对较弱的幼苗。以防止幼苗因为过于拥挤而光照不足，进而引发徒长。一般露地苗床幼苗需要在荫棚下生长，真叶长出后，需要足够阳光才能长得健壮，需要去除遮阳网，从而避免徒长，形成弱苗。幼苗长出 5～6 片真叶后即可移栽到合适的容器中栽培。

【穴盘育苗的幼苗养护管理】

穴盘育苗的生育期分为 4 个阶段，主要是因为穴盘苗这 4 个阶段的生长状态与所需要的温度、湿度、光照和肥料等环境管理条件各有差异。

第一阶段从播种到种子初生根（胚根）突出种皮为止，即所谓的"发芽"

期。为提高穴盘苗的萌发率，播种好种子的穴盘浇水后放入发芽室内进行催芽。发芽期保证有良好的温湿度。较高的温度是相对于以后3个阶段来说的。种子发芽所需要的温度一般在21～28 ℃，大部分在24～25 ℃为最适温度，喜凉花卉如花毛茛、仙客来、蒲包花等的发芽温度一般为15～18 ℃。持续恒定的温度对种子来说可以促进种子对水分的吸收，解除休眠，激活生命活力。较高的湿度可以满足种子对水分的需要，首先，软化种皮，增加透性，为种胚的发育提供必需的氧气；其次作为种子生化反应的溶剂，促进其生物化学反应的完成。一般催芽室内的加湿措施采用喷雾装置。为防止幼苗在发芽室内徒长，一般50 %种苗的胚芽露出基质而叶子尚未展开时，应移出发芽室。

第二阶段种子发芽以后，紧接着是下胚轴伸长，顶芽突破基质，上胚轴伸长，子叶展开，根系、茎干及子叶开始进入发育状态。第二阶段养护管理的重点是下胚轴的矮化及促壮。如果下胚轴伸长过快，就会引起幼苗徒长。要想促壮及矮化幼苗的下胚轴，必须严格控制栽培环境的各个主导因子，如温度、湿度、光照等。第二阶段以后必须见光，结合温度的情况，可以适当遮荫，遮荫程度从40%～60%不等，要根据不同种子的生态特性来决定，大岩桐和四季秋海棠要求的遮阳强一些，一串红、鸡冠花可完全不遮阴，瓜叶菊遮去30 %左右的阳光就可以。幼苗子叶展开的下胚轴长度以0.5 cm较为理想。下胚轴若太长，当真叶开始伸展时，随着真叶的叶面积增大及叶片数目的增多，其机械支撑力量不足，容易发生倒伏现象。所以下胚轴的矮化及促壮是提高成苗率的关键。

第三阶段主要是真叶的生长和发育。此阶段重点是水肥管理，水分管理要点是维持生长期的水分平衡，避免重干重湿，适量的水分供给是重点。在自动喷灌条件下，1天浇水3次，每次给水量约达到基质持水量的60 %为宜。浇水时间分别为8:00、11:00及14:00～15:00。16:00之后若幼苗无萎蔫现象，则不必浇水。降低夜间湿度，减缓茎节的伸长，矮化幼苗是管理追求的目标。进入第三阶段的幼苗要开始施肥。其施肥的量是从低浓度向高浓度逐渐增加的。以氮肥浓度为标准可从0.01 %开始，每周增加0.01%，视花苗的长势和叶色来判断幼苗对肥料的需要量。使用穴盘育苗比较容易控制其浓度，如条件不允许也可以使用缓效控施肥，切忌使用带有挥发性的氮肥，以免对幼苗造成伤害。肥料氮、磷、钾的比例选择氮含量较低的配方（N∶P∶K=15∶10∶30），以减少叶面积的快速生长，降低其蒸腾作用。营养过盛，除了容易造成电导率增加，根系的正常发育也会受到影响。

第四阶段幼苗生长到3～4片真叶时，也就到了第四阶段。此阶段的幼苗准备进行移植或出售。移植前要适当控水施肥，以不发生萎蔫和不影响其正常发育即可。

（六）种子繁殖实例

1.一串红播种繁殖

一串红是多年生亚灌木，作一年生栽培。在中国大部分地区在陆地3—6月均可播种，播种后10～14 d种子萌发，适宜的温度下，生长约100 d开花，花期约两个月。其他时间可在温室播种。一串红的种子较大，每克种子260～280粒，播种最适宜温度为20～25 ℃，低于15 ℃很难发芽，20 ℃以下发芽不整齐。一串红为喜光性的种子，播种后不需要覆盖土，可用轻质蛭石撒放在种子周围，既不影响透光又可起到保湿的作用，提高发芽率和整齐度（图3-12）。

2.瓜叶菊播种繁殖

瓜叶菊是多年生草本作二年生花卉栽培，播种后5～8个月开花，分期播种可以在不同时期开花。中国大部分地区一般陆地8月中旬播种，可在元旦至春节期间开花。10月温室播种，可在"五一"开花。

播种土要求透水、透气性好，肥分低、颗粒细。通常以细沙、腐叶土（或泥炭）按1：1比例配制。过筛后加入多菌灵消毒或将基质装进花盆后直接浇800～1 000倍的多菌灵溶液。可以用苗床、穴盘播种，播种后覆盖一层播种基质以不见种子为度（覆盖厚度一般为种子本身的1.5倍），发芽期间保持较高的湿度。瓜叶菊发芽的最适温度为21 ℃，约10 d左右发芽出苗。当小苗长到4至5片叶片时上盆移栽（图3-13）。

图 3-12　串红播种苗　　　　3-13　瓜叶菊播种苗

3.虞美人播种繁殖

虞美人是二年生花卉，直根系。虞美人的种子非常细小，重量为每克8 000粒左右，穴盘播种采用288孔穴盘或200孔穴盘，播种基质采用草炭加入10%

直径 3～5 mm 的大粒珍珠岩，育苗周期为 6～7 周。不用覆盖。育苗周期分成四个阶段：第一阶段是从播种到胚根出现；第二阶段是从胚根出现到子叶伸展，发芽完毕，并长出一片真叶；第三阶段是从一片真叶出现并开始生长，达到移栽标准；第四阶段是准备运输、移植或储运。

发芽温度为 18～21 ℃，需要 5～7 d，基质要保持中等湿润；第一片真叶长出期间，温度控制在为 18～21 ℃，施肥可以一周一次，N：P：K 为 15：0：15 和 20：10：20 交替使用，浓度为 0.005%，需要 7 d，基质保持偏干；第一片真叶到第 4～5 片期间，温度控制在 17～18 ℃，施肥浓度为 0.01%，一周一次肥料，需要 21～28 d；第 4～5 片期到移植前温度控制在 15～17 ℃，需要 7 d，施肥浓度同上一个阶段，之后即可出售幼苗或移栽到 12 cm×12 cm 的花盆中。这个阶段的浇水原则为见干见湿（图 3-14）。

4. 仙客来播种繁殖

仙客来属于球根花卉，但是其块茎不能分生子球，一般用种子来繁殖。仙客来的种子一般都是人工辅助授粉获得种子，品种内异株间授粉，即保持了品种间的性状，又提高了结实率和种子质量，是目前最普遍应用的制种方式。仙客来刚收获的种子萌发力强，在 4～10 ℃低温下可以保存 2～3 年。为了缩短发芽期，仙客来种子播种前一般用清水浸种 24 h 或温水（30 ℃）浸种 2～3 h，然后放置于 25 ℃的室内两天，种子萌动后再播种。一般在 9—10 月陆地播种，催芽后播种 40 d 左右即可发芽，次年 12 月开花。如果温室中 12 月播种，在冷凉条件下越夏，可于当年 8 月中下旬开花。目前育种方式多采用穴盘播种，仙客来种子发芽前要求黑暗，所以播种后用播种基质覆盖 0.5 cm 左右。仙客来种子在 18～20 ℃条件下播种后 30～40 d 即可发芽（图 3-15）。

图 3-14　虞美人播种苗

图 3-15　仙客来播种苗

二、无性繁殖

无性繁殖又称营养繁殖，是以植物的营养器官为材料进行的繁殖方式。很多植物的营养器官具有再生性，即具细胞全能性。无性繁殖是体细胞经有丝分裂的方式重复分裂，产生和母细胞有完全一致的遗传信息的细胞群发育而成新个体的过程，不经过减速分裂与受精作用，因而保持了亲本的全部特性。

无性繁殖包括扦插繁殖、嫁接繁殖、分生繁殖、压条繁殖、组织培养和孢子繁殖。其特点为：保持母本所有性状，后代一致性高；后代生长发育没有幼年阶段，开花结实早；繁殖系数小；根系浅，抗逆性差，寿命短（实生苗嫁接者除外）；长期无性繁殖的植株，生长势弱，易感染病毒，品质逐渐退化；容易产生花色、花型、叶形、叶色的变异，且发生变异的植株较易发现。

（一）扦插繁殖

1. 扦插繁殖的概念

扦插繁殖是利用离体的植物营养器官的再生能力，切取其根、茎、叶、芽的一部分，在一定条件下，插入土、沙或其他基质中，使其生根发芽、经过培育发育成为完整植株的繁育方法。通过扦插繁育所得的苗木称为扦插苗，扦插繁育所用的繁育材料（或器官）称为插条（穗）。扦插繁殖除具备营养苗繁育的基本特点外，还具有方法简单，取材容易，成苗迅速，繁育系数大等优点，是花卉营养繁育育苗常用的方法之一。

2. 扦插繁殖的类型

根据所选取的营养器官的不同，可以分为 3 种：叶插、茎插和根插。

【叶插】

指以植物的叶为插穗，使之生根长叶，从而成为一个完整的植株。叶片要求具有粗壮的叶柄、叶脉或肥厚的叶片（图 3-16）。

（1）全叶插。以完整的叶片为插穗。可将叶片平置在基质上，但要保证叶片紧贴在基质上，因此可以用铁钉、竹签或基质固定叶片，如景天科的植物（落地生根、芦荟等）、秋海棠科（秋海棠、蟆叶秋海棠等）；也可以将叶柄插于基质中，而叶片平铺或直立在基质上，此种方法适于能自叶柄基部产生不定芽的植物，如大岩桐、非洲紫罗兰、豆瓣绿等（图 3-17）。

（2）片叶插。将一片完整的叶片分切成若干块分别扦插，每一块叶片上都能形成不定芽。如虎尾兰、大岩桐、椒草及秋海棠科的植物等（图 3-18）。

图 3-16　秋海棠叶插

图 3-17　长寿花全叶插

图 3-18　虎尾兰片叶插

【茎插】

以花卉的茎（枝条）作插穗的方法。是扦插繁殖中繁殖系数最高，操作最容易，也是应用最多的方法。

（1）硬枝扦插。又称休眠扦插。以生长成熟的休眠枝作插条的繁殖方法，常用于落叶木本花卉，如夹竹桃、石榴、芙蓉、木槿、紫薇等。一般在秋冬季落叶后选取当年生枝条作插条（图 3-19）。

（2）软枝扦插。以当年生长发育充实的枝条作插穗的方法。常用于草本花卉，如吊竹梅、网纹草、菊花、富贵竹、五色草、绿萝等。在生长期，选取刚停止生长，内部尚未完全成熟的枝条（图 3-20）。

图 3-19　木槿扦插

图 3-20　菊花扦插

（3）半硬枝扦插。指用当年生半木质化的枝条进行扦插的方法。常用于木本花卉，如月季、玫瑰、茉莉、山茶、杜鹃等，以常绿、半常绿木本花卉居多。半软枝扦插于生长季节进行，原则上于母株第一次旺盛生长结束，第二次旺盛生长尚未开始时进行，如春梢生长停止而夏梢尚未开始生长的间歇期（图 3-21）。

（4）叶芽插（又称短穗扦插）。为充分利用材料，只剪取一叶一芽做短插穗，插穗长度 1～3 cm 为宜。扦插时，将枝条和叶柄插入沙中，叶片完整地留在地面，如桂花等（图 3-22）。

图 3-21　月季扦插

图 3-22　桂花扦插

【根插】

根插是以根段作为插条，使其成为独立植株的扦插方法。常用于某些不易生根的植物，但其根部却容易生出不定芽，如贴梗海棠、猕猴桃等（图 3-23）。

图 3-23　猕猴桃根插

3. 扦插繁殖技术

【扦插基质的准备】

选择的基质应满足插穗对基质水分和通气条件的要求，有利于生根。如河沙、蛭石、珍珠岩和碳化稻壳等。对扦插基质要严格消毒，常用消毒方法有物理消毒和化学消毒等。

【插条的准备】

（1）硬枝扦插。在春秋两季，最适宜的时期为春季，在叶芽萌动前进行扦插。秋季扦插在尚未落叶、生长停止前一个月进行。南方常绿树种常在冬季扦插。依扦插成活的原理，应选用优良幼龄母株上发育充实、已充分木质化的 1 ～ 2 年生枝条或萌生条；选择健壮、无病虫害且粗壮含营养物质多的枝条。

一般长穗插条 15 ～ 20 cm 长，保证插穗上有 2 ～ 3 个发育充实的芽。剪切时上切口距顶芽 1 cm 左右，平切。下切口的位置依植物种类而异，一般在节附近，节附近薄壁细胞多，细胞分裂快，营养丰富，易于形成愈伤组织和生根。下切口有平切、斜切、双面切等几种方法。平切口生根呈环状均匀分布，便于机械化截条，对于皮部生根型及生根较快的植物应采用平切口；斜切口与基质的接触面大，可形成面积较大的愈伤组织，利于吸收水分与养分，提高成活率，但根多生于斜口的一端，易形成偏根，同时剪穗也较费工。双面切与基质的接触面更大，在生根较难的植物上应用较多。

（2）半硬枝扦插、软枝扦插。在生长季节进行。采穗的具体时间是关键，原则是应在母株两次旺盛生长期之间的间隙生长期才插条，即最好在春梢完全停止生长而夏梢尚未萌动期间进行。

选取腋芽饱满，叶片发育正常、无病虫害的当年生枝条。选取枝条的中上部分，剪成 10 ～ 15 cm 的枝段，每段 3 ～ 5 个芽，上剪口在芽上方 1 cm 左右，下剪口在基部芽下 0.3 cm 左右，切面平滑。枝条上部保留 2 ～ 3 枚叶片，叶片较大的可适当剪去一半。

（3）叶插。在生长季进行，均用生长成熟的叶片，有几种不同的方式。

整片叶扦插是常用的方法，多用于一些叶片肉质的花卉。许多景天科植物的叶肥厚，但无叶柄或叶柄很短，叶插时只需将叶平放于基质表面，不用埋入土中，不久即从基部生根出芽。另一些花卉，如非洲紫罗兰、草胡椒属等，有较长的叶柄，叶插时需将叶带柄取下，将基部埋入基质中，生根出苗后还可以从苗上方将叶带柄剪下再度扦插成苗。

切段叶插用于叶窄而长的种类，如虎尾兰叶插时可将叶剪切成 7 ～ 10 cm 的几段，再将基部约 1/2 插入基质中（图 3-24）。为避免倒插，常在上端剪一缺口以便识别。网球花、风信子、葡萄水仙等球根花卉也可用叶片切段繁殖，将成熟叶从鞘上方取下，剪成 2 ～ 3 段扦插，2 ～ 4 周即从基部长出小鳞茎和根。

刻伤与切块叶插常用于秋海棠属花卉上。具根茎的种类，如毛叶秋海棠，从叶背面隔一定距离将一些粗大叶脉作切口后将叶正面向上平放于基质表面，不久便从切口上端生根出芽（图 3-25）。具纤维根的种类则将叶切割成三角形的小块，每块必须带有一条大脉，叶片边缘脉脉细、叶薄部分不用，扦插时将大脉基部埋。

图 3-24　虎尾兰叶插　　　　　　　　3-25　秋海棠叶插

叶柄插用易发根的叶柄作插穗。将带叶的叶柄插入基质中，由叶柄基部发根；也可将半张叶片剪除，将叶柄斜插于基质中；橡皮树叶柄插时，将肥厚叶片卷成筒状，减少水分蒸发；大岩桐叶柄插时，叶柄基部先发生小球茎，再形成新个体。

鳞片扦插鳞片是叶片的变态，鳞茎类花卉可以采用鳞片进行扦插，扦插时，取下成熟的鳞片消毒后与轻质基质分层或混合（生产上称为埋片法）（图3-26）。

图 3-26　百合鳞片扦插繁殖

（4）叶芽插。在生长季节，取 2 cm 长、枝上有较成熟芽（带叶片）的枝条作插穗，芽的对面略削去皮层，将插穗的枝条露出基质面，可在茎部表皮破损处愈合生根，腋芽萌发成为新的植株，如橡皮树、天竺葵等。

（5）根插。插条在春季活动生长前挖取，结合分株将粗壮的根剪成 10 cm 左右 1 段，全部埋入插床基质或顶梢露出土面，注意上下方向不可颠倒，如牡丹、芍药、月季、补血草等。某些小草本植物的根，如蓍草、宿根福禄考等，可剪成 3 ~ 5 cm 的小段，然后用撒播于床面后覆土即可。

【插条处理的方法】

（1）生长调节剂。插条的生根处理都是在插条剪截后立即于基部进行，浓度依据植物种类，施用方法而异。一般来说草本和生根容易的植物用较低浓度，相反则用高浓度。使用方法分水剂和粉剂两种。一是生根液（水剂），先用少量95%酒精溶解生长素，然后配置成不同浓度的药液，低浓度（如50 ~ 200 mg/L）溶液浸泡插穗下端 6 ~ 24 h，高浓度（如 500 ~ 10 000 mg/L）可进行快速处理（几秒钟到一分钟）；二是将溶解的生长素与滑石粉或木炭粉混合均匀（粉剂），阴干后制成粉剂，用湿插穗下端蘸粉扦插，或将粉剂加水稀释成为糊剂，用插穗下端浸蘸，或做成泥状，包埋插穗下端。

（2）杀菌剂。插条的伤口用杀菌剂处理可以防止生根前受感染而腐烂，常用的杀菌剂为克菌丹、多菌灵和苯那明等。水剂用 2% ~ 3% 浓度，粉剂用 4% ~ 6% 浓度，与生根剂处理配合。用水剂生根处理的插条可先用水剂杀菌剂处理，或处理后再用粉剂杀菌剂处理，或将二者的水剂按用量混合使用。

【扦插方法】

茎插采用直插、斜插均可，一般情况采用直插。斜插的扦插角度不应该超过45°。扦插深度为插穗长的 1/2 ~ 2/3，露地时深一些，使芽微露于床面。扦插时注意不要碰伤芽眼，插入土壤时不要左右晃动，并用手将周围土壤压实。

【扦插后管理】

（1）湿度控制。为防止插穗失水枯萎，必须在插后马上喷足水。空气相对湿度保持 80% ～ 95% 为宜。一般每天喷水 2 ～ 3 次，如果气温过高，每天喷水 3 ～ 4 次。每次喷水量不能过大，以达到降低温度，增加湿度而又不使基质过湿为目的。基质中不能积水，否则易使插穗腐烂，因此，大多采用自控定时间歇喷雾或电子叶喷雾装置。

（2）温度控制。嫩枝扦插棚内的温度控制在 18 ～ 28 ℃为宜。如果温度过高则要采取降温措施，如喷水、遮阴或通风等。应注意，遮阴度不可过大，因为枝上的叶片还要进行光合作用，为生根提供营养物质。

（3）炼苗。插穗生根后，若用塑料棚育苗时，要逐渐增加通风量和透光度，使扦插苗逐渐适应自然条件。

（4）移植。插穗成活后要及时进行移植，或移于容器中继续培育。在移植的初期，应适当遮阴、喷水，保持一定的湿度，可提高成活率。

（二）嫁接繁殖

嫁接繁殖是将植物优良品种的一个芽或一个枝条（段）转接到另一个植株个体的茎、干或根上，两者（常是不同品种或种）经愈合后形成独立完整植株的繁殖方法。嫁接的植株部分称为接穗，承接穗的植株，称为砧木，接穗和砧木形成相互依赖的共生关系。嫁接繁殖培育出来的苗，称为嫁接苗。嫁接繁殖常用于播种、分生或扦插繁殖困难或播种难以保持品种性状的植物。如一些木本花卉如山茶、月季、杜鹃、樱花、梅花和桂花等，嫁接也常用于菊花、仙人掌等草本花卉的造型。

1. 砧木和接穗的选择

【砧木的选择】

我国砧木资源丰富，种类繁多，各地选用的种类往往各不相同。但优良的砧木须具备以下特点：与接穗品种有良好的亲和力；对接穗的生长、开花、结果有良好影响，如使接穗生长健壮，花大，花美，果型大，品质好，丰产等；砧木根系发达，对栽培地区气候、土壤等环境条件有良好的适应性；对主要病虫害有较强的抗性；砧木来源充足，易繁殖；能符合特殊栽培目的要求，如控制树冠生长的矮化砧。

【接穗的选择】

一般选用生长发育健壮，丰产稳定，无检疫病虫害和病毒的，品种性状已充分表现的成年植株作母本树。剪取树冠外围生长充实、枝条光洁、芽体饱满的发育枝（生长枝）或结果枝作接穗。春季嫁接多采用一、二年生的枝条，尽量避免使用多年生枝。夏季嫁接选用当年成熟的新梢，也可用贮藏一、二年生枝；秋季嫁接则多选用当年生春梢。徒长性枝或过分细弱不充实的枝条都不宜作接穗，枝条以中段为宜，顶端部分芽体发育不充分，贮藏养分少。而基部往往芽体不饱满多为潜伏芽。接穗不足时，可以将接穗先多头高接到大树上，利用其树体强大根系促发大量新梢，并通过及时修剪，促发二次梢，来形成大量枝条，扩大繁殖系数。为经济利用接穗也可减少接穗节（芽）数。

春季嫁接用的一、二年生枝，宜在休眠期剪取，避免伤流现象的发生。休眠期采穗时，由于枝条较多，应及时在室内阴凉通风处，利用容器或堆湿砂埋藏，保持贮藏适宜的基质和环境条件。基质条件同种子层积处理，环境条件要求相对空气湿度 80% ～ 90%，4 ～ 13 ℃低温的贮藏条件较为理想。贮藏期间一般 7 ～ 10 d 检查一次，要防止霉烂、干死和芽提早萌发，应及时剔除腐烂枝条。对容易早萌动的枝条，则要降低温度，使贮藏温度下降到 0 ℃左右，枝条处于休眠状态，防止提早萌动。开春后，即可取出进行嫁接。

夏、秋季嫁接用的接穗，可随采随用。采穗时间最好是在早、晚进行，此时枝条含水量最高。剪去枝条上下两端不充实、芽眼不饱满的枝段，生长期采穗后应立即剪去叶片，只留下小段叶柄，以减少水分损失。将接穗按每 50 ～ 100 支扎成一捆，挂上标签，标明品种、采集地点、时间。为防止病虫害传播，应及时对接穗进行消毒。生长期采的枝条，应注意随用随采，随采随接，短时间不用包上湿布保湿。

2. 嫁接方式与方法

嫁接方法多种多样，因植物种类、砧穗状况等不同而异。依据砧木和接穗的来源性质不同可分为枝接、芽接、根接、靠接和插接等。花卉繁殖中常用枝接、芽接方法。

【枝接法】

枝接法是指以具有一个或几个芽的枝段为接穗的嫁接繁殖方法。其与芽接法相比较，具有的嫁接苗成活率高，成活后生长整齐迅速的优点。但接穗使用量较大，嫁接技术复杂，难度大，速度慢，对砧木要求较粗，嫁接适宜时期短。但对较粗砧木的的嫁接，如高接换种更换树冠，及利用坐地苗建园等，应用效果优于芽接法。生产上常用的方法有：

（1）切接法。常用于砧木、接穗粗细相近的嫁接；砧木宜选用 1 ～ 2 cm 粗细的幼苗，将砧木从距地面 5 ～ 8 cm 处剪断，并将砧木修剪平整，再按接穗的粗细，在砧木比较平滑的一侧，用切接刀略带木质部垂直下切，切面长 2.5 cm 左右。接穗长 5 ～ 10 cm，带有两个以上的叶芽。然后切接刀在接穗的基部没有芽的一面起刀，削成一个长 2.5 cm 左右平滑的长斜面，一般不要削去髓部。捎带木质部较好。在另一面削成长不足 1 cm 的短斜面，使接穗下端呈扁楔形，削时切接刀要锋利手要稳，保持削面平整，光滑，最好一刀削成。将削好的接穗长的削面向里插入砧木切口中，并将两侧的形成层对齐，接穗削面上端要露出 0.2 cm 左右，即俗称的"露白"。以利于砧木于接穗愈合生长（图 3-27）。

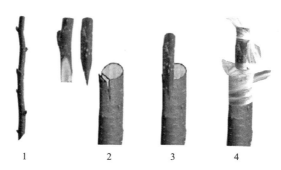

1. 一年生枝接穗；2. 消芽侧面、正面、砧木一侧切开；3. 接芽插入接口；4. 塑料膜绑扎

图 3-27　切接

（2）劈接法。常用于较粗大的砧木或高接换种；砧木顺髓心纵切，剖口长约 2 ～ 3 cm 形成劈口。接穗留 2 ～ 3 个芽，在下部约 2 ～ 3 cm 处两面各削一刀（削面要平整，一气呵成），形成楔形，楔形两面一样厚，注意接穗削面要长而平，但不能削得太薄，接穗切削后形成的角要和砧木劈口的角度一致，使砧木和接穗形成层生长的愈伤组织从上到下都相连接。然后用刀片或手指甲将砧木劈口撬开，将接穗插入劈口的一边，使双方的形成层对准两边或至少边靠外对准砧木（图 3-28）。

图 3-28　劈接

（3）皮下接（插皮接）。也适用于粗大的砧木。在砧桩上 2 ～ 4 cm 处将树皮从木质部剥离，将削面与切接相似的接穗插入、封扎。需在砧木生长期进行，树皮易剥离，但接穗需先采下冷藏（图 3-29）。

（4）腹接。在砧木的茎上斜着切成朝下的接口，再把接穗的茎也斜着切成朝上的接口，然后把二者接合在一起，用嫁接夹进行固定即可（图 3-30）。

（5）靠接。将选作砧木和接穗的两植株置于一处，选取相互靠近而又粗细相当的两枝条，在相靠拢的部位接穗和砧木分别削去长约 3 ～ 5 cm 的一片，深略超过木质部，然后两枝相靠，形成层对正，切削面紧密相靠，扎缚即可（图 3-31）。

图 3-29　皮下接

图 3-30　腹接

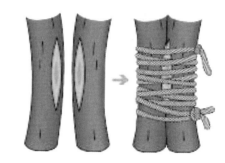

3-31　靠接

【芽接法】

芽接法是指以芽片作为接穗的嫁接育苗方法。其优点有操作简单，速度快；节省繁殖材料；接口伤面小，易绑缚保护，成活率高；嫁接适宜期长；嫁接时砧木不断头，未接活的可以补接，保证出苗率等特点。因此，芽接是应用广泛的嫁接方法。如盆栽梅花、月季、茶花、桂花等。梅花可用山桃、李子作砧木；丁香可用小叶女贞作砧木；桂花用小叶女贞、大叶女贞或桂花实生苗作砧木；新品种茶花可用普通品种的山茶、油茶作砧木。

T 形芽接又称丁字形芽接，是最常用的方法。嫁接时期宜选择在砧木、接穗的皮层较易剥离时。将砧木洗净，用芽接刀横切，再垂直纵切一刀，成 T 字形。然后用尾端骨片沿垂直口轻轻将树皮撬开，在芽上方 0.5 cm 处横切一刀，深至木质部，再在芽下 1 cm 处斜切与前刀口交叉处。将芽取下，用骨片挑除木质部，然后插入 T 字形切口撬开的皮层内，使芽穗与砧木二者形成层紧贴后绑扎；倒 T 形芽接的砧木切口为倒 T 字形；嵌芽接为带木质部芽接，适用于木皮不易分离或枝条有棱角及沟纹的植物。将砧木从上向下削开长约 3 cm 的切口，将芽嵌入（图 3-32）。

　　贴皮芽接接穗为不带木质部的小片树皮，将其贴在砧木去皮部位的方法。适用于树皮较厚或砧木太粗的植物。先在接穗上削取个弧形芽片，芽居于芽片的正中。再用同样的方法在砧木上削个弧形削口，大小及形状均与芽片相似，削后立即将芽片贴上去，并使两者形成层对准密接扎紧即可（图 3-33）。

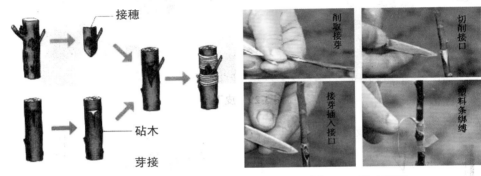

图 3-32　T 字形芽接　　　　　　　图 3-33　贴皮芽接

【根接法】

　　根接法是以根系（段）作为砧木的嫁接育苗方法。多采用劈接、切接或倒腹接等方法进行嫁接，通常在休眠期进行。用作砧木的根，可以是完整的根系，也可以是 1 个根段。如果是露地嫁接，可选生长粗壮的根在平滑处剪断，用劈接、插皮接等方法。也可直径 0.5 cm 以上的根系，截成 8 ~ 10 cm 长的根段，移入室内，在冬闲时用劈接、切接、插皮接、腹接等方法嫁接。若根砧比接穗粗，可把接穗削好插入根砧内，若根砧比接穗细，可把根砧插入接穗，接好绑缚后，用湿沙分层沟藏，早春植于苗圃。肉质根的花卉用此方法嫁接（图 3-34）。

【髓心接】

　　接穗和砧木以髓心愈合而成的嫁接方法。多用于仙人掌类花卉植物，形成新植株的奇特观赏效果，提高观赏价值（图 3-35）。

图 3-34　根接　　　　　　　　　　图 3-35　髓心接

3. 嫁接技术要领

为保证嫁接苗的成活，嫁接操作时，应牢记"平、准、快、洁、紧、严"六字口诀，并按此严格操作，以确保嫁接苗的成活。

平：接穗和砧木的切面要平整光滑，以利于砧、穗的紧密结合，保证伤面愈合。要求刀具要锋利光滑，砧穗处理时应一刀削成，避免多刀削修。

准：切削接穗、砧木的下刀部位准确。接穗和砧木粗细要搭配合适，切面长短应大致相当，接合、绑扎时要对准砧木、接穗的形成层（至少一边对准）。

快：切削、结合和绑缚的操作速度要快，尽量减少砧木、接穗的切面与空气接触的时间，减少水分损失，防止形成隔离层，提高嫁接成活率。

洁：砧木和接穗处理后的切面要保持清洁，不要用手摸，也不要粘上泥土、灰尘，在嫁接过程中要经常用 75 % 浓度的酒精擦除嫁接工具刃面上汁液及污物，保持刃面清洁。

紧：绑缚时要尽量扎（缚）紧，使砧木和接穗贴合严实，同时，注意用力均匀，不要移动砧木和接穗的位置，造成错位。

严：用塑料薄膜带绑缚时，要扎严封紧。薄膜带要一圈压一圈，相邻两圈应搭接 1/4 ～ 1/3 薄膜带宽，不留缝隙。砧穗粗细差异大需变径时，应在变径处绑缚 1 ～ 2 圈，薄膜带 2/3 带宽空出，然后旋转薄膜带 180°，将其扎紧。绑缚结扣要结牢，避免失水风干和病虫进入。

4. 嫁接后的管理

检查成活、解绑及补接嫁接后 7 ～ 15 d，即可检查成活情况。芽接苗接芽新鲜，叶柄一触即落即为已成活；枝接苗需待接穗萌芽后有一定的生长量时才能确定是否成活。成活的要及时解除绑缚物，未成活的要在其上或其下补接。

【剪砧】

夏末和秋季芽接的在翌年春季发芽前及时剪去接芽以上砧木，以促进接芽萌发，春季芽接的随即剪砧，夏季芽接的一般 10 d 之后解绑剪砧。剪砧时，修枝剪的刀刃应迎向接芽的一面，在接芽上方 0.3 ～ 0.4 cm 处向下斜剪，不宜留桩过长。剪口向芽背面稍微倾斜，有利于剪口愈合和接芽萌发生长，但剪口不可过低，以防伤害接芽。

【除萌】

剪砧后砧木基部会发生许多萌蘖，须及时除去，以免消耗水分和养分，影响接穗生长。

【设立支柱】

接穗成活，萌发后，遇有大风易被吹折或吹歪，而影响成活和正常生长。需将接穗用绳捆在立于旁边的支柱上，直至生长牢固为止。一般在新梢长到 5～8 cm 时，紧贴砧木立一支棍，将新梢绑于支柱上，不要过紧或过松。

【加强肥水管理】

中耕除草及病虫害防治嫁接苗成活 10 d 后，应开始施肥，一般一个月施肥 1～2 次，要求勤施薄施。前期以速效性氮肥为主，后期适当控制氮肥，增施磷钾肥。同时，注意水分管理，保持土壤适宜含水量及通气性。应根据水分和杂草生长情况，适时中耕除草，保持苗圃地土壤疏松无杂草，还应做好病虫害防治工作。

（三）分生繁殖

分生繁殖是将植物体自然分生的幼植物体（如根蘖、株芽、吸芽等），或植物营养器官的一部分（如走茎及变态茎等）与母株分割或分离，易地栽植而形成独立生活的新植株的繁殖方法。其特点是简便、容易成活、成苗较快、新植株能保持母株的遗传性状，但繁殖率较低。常用于多年生草本花卉和某些木本花卉。依植株营养体的变异和来源不同分为分株和分球繁殖两种。

1. 分株繁殖

分株繁殖是将母株掘起分成数丛，每丛都带有根、茎、叶、芽，另行栽植，培育成独立生活的新植株的方法。适于易从基部产生丛生枝的花卉植物。如宿根花卉芍药、菊花、兰花等及木本花卉如牡丹、蜡梅和紫荆等。依萌发枝的来源不同可分为以下几种。

【根蘖】

有些植物在根上能发生不定芽并形成根蘖，与母株分离后能成为独立的个体。如泡桐、枣、丁香、蔷薇、牡丹、竹类、石榴和樱桃等的分株繁殖个体。其主根不明显，根系分布浅，生活力较弱，但个体差异较小（图 3-36）。

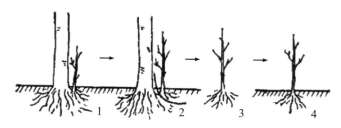

图 3-36　根蘖繁殖

【匍匐茎】

匍匐茎是一种特殊的茎，其由根颈的叶腋发生，沿地面生长，并在节上基部发根，上部发芽，可在春季萌芽前或秋后将其与母株切离定植，形成一新植株。如虎耳草、吊兰等（图 3-37）。

图 3-37　吊兰匍匐茎繁殖

【根颈】

茎与根接处产生分枝。草本植物的根颈是植物每年生长新条的部分，如荷兰菊、玉簪和紫萼等；木本植物的根颈产生于根与茎的过渡处，如木绣球、麻叶绣球和紫荆等（图 3-38）。

图 3-38　玉簪根颈繁殖

【吸芽】

某些植物在生长期间，从母株地下茎节上抽生吸芽并发根，待生长一定高度后，切离母株分植，如龙舌兰、春兰、萱草等。多浆植物中如芦荟、景天、石莲花等，常自基部生出吸芽，而下部自然生根，可随时分离栽植，形成一新植株（图 3-39）。

图 3-39　龙舌兰吸芽繁殖

2. 分球繁殖

分球繁殖是指利用具有贮藏作用的地下变态器官（或特化器官）进行繁殖的一种方法。地下变态器官种类很多，依变异来源和性状不同，分为球茎、鳞茎、块茎、块根和根茎等。

【球茎】

植物地下变态茎短缩肥厚而呈球状。老球侧芽萌发基部形成新球，新球旁常生子球。繁殖时可直接用新球茎和子球栽植，也可将较大的新球茎分切成数块（每块具芽）栽植。唐菖蒲等可用此法繁殖（图3-40）。

【鳞茎】

植物的变态地下茎有短缩而扁盘状的鳞茎盘，上面着生肥厚的鳞叶，鳞叶之间发生腋芽，每年可从腋芽中形成一个或数个子鳞茎从老鳞茎分出。生产上可将子鳞茎分出栽种而形成新植株，如百合、水仙、郁金香等。为加速繁殖，还可创造一定条件分生鳞叶促其生根，在百合的繁殖栽培中已广泛应用（图3-41）。

图3-40　唐菖蒲球茎繁殖　　　　　图3-41　百合鳞茎繁殖

【块茎】

多年生植物有的变态地下茎近于块状。根系自块茎底部发生，块茎顶端通常具几个发芽点，块茎表面也分布一些芽眼，内部着生侧芽，如花叶芋、马蹄莲。这类植物可将块茎直接栽植或分切成块繁殖（图3-42）。

【根茎】

多年生植物的地下茎肥大呈粗而长的根状。根茎与地上茎在结构上相似，均具有节、节间、退化鳞叶、顶芽和腋芽。用根茎繁殖时，将其切成段，每段具2～3个芽，节上可形成不定根，并发生侧芽而分枝，继而形成新的株丛。莲、美人蕉等多用此法繁殖（图3-43）。

图 3-42　马蹄莲块茎繁殖

图 3-43　美人蕉根茎繁殖

【块根】

　　块根是由侧根或不定根膨大而形成的，通常成簇着生于根茎部，不定芽生于块根与茎的交接处，而块根上没有芽，在分生时应从根茎处进行切割。此法适用于大丽花、花毛茛、豆薯等繁殖（图 3-44）。

图 3-44　大丽花块根繁殖

　　3. 分株繁殖方法

　　分株繁殖一般在春、秋两季进行。春季开花的植物宜在秋季落叶后进行，秋季开花的植物应在春季萌发前进行，一定要考虑到分株对母树生长开花的影响以及栽培地的气候条件。分株繁殖基本包括切割、分离与栽培培育 3 个步骤，可分为分株前不起苗的侧分法和分株前起苗的掘分法。侧分法多用于分株不需起出母体植株，如分匍匐茎、某些植物分吸芽等；掘分法一般用于丛生植物的分株，如分根蘖、分根颈及某些植物的分球，分株需全部起出母体植株。

　　分株繁殖法选择生长健壮的苗木作为分株繁殖的母株；将植株挖掘出来，抖去泥土；从容易分之处用手劈开，或用刀分割，成为数丛，每丛至少应有 2～4 苗；将株丛按一定种植规格进行栽植。

　　分球法植株茎叶枯黄之后，将母株挖起，分离母株上的新鳞茎球；按新鳞茎大小进行分级进行栽植，大鳞茎种植后当年可开花，中型鳞茎第二年开花，小的鳞茎需经过 3 年培育后才能开花。

　　分株繁殖时要注意，根蘖苗一定要有较好的根系，茎蘖苗除了保持较好的根系外，地上部分要根据苗木树种和繁殖的要求，选留适当数量的枝干，可为 2～3 条或更多。侧分时注意不要对母株根系损伤太大，以免影响其正常生长；掘分时要尽量保留较多的根，剪去太长的根或老朽的病根，以方便栽培和培育健壮的植株。分割要用锋利的刀、铣、剪或斧进行，尽量避免造成较大的创伤。当分株量较大时，对小分株苗在栽植前按繁殖要求和规格进行分级分类。

（四）压条繁殖

1. 压条繁殖的方法

依据埋条的状态、位置及其操作方法的不同，可分为单枝压条、堆土压条、波状压条及高空压条等。可在休眠期和生长期进行压条繁殖，休眠期压条繁殖一般在秋季落叶后或春季萌芽前，用 1 ～ 2 年生的枝条进行压条。一般普通压条、水平压条、波状压条在此时期进行；生长期压条繁殖在生长季节进行，用当年生的枝条进行压条。一般堆土压条、空中压条在此时期进行。

【单枝压条】

取靠近地面的枝条，作为压条材料，使枝条埋于土中 10 ～ 15 cm 深，将埋入地下枝条部分施行割伤或轮状剥皮，枝条顶端露出地面，以竹钩或铁丝固定，覆土并压紧。经过一个生长季即可生根分离成独立植株。连翘、罗汉松、迎春等常采用此法繁殖（图 3-45）。

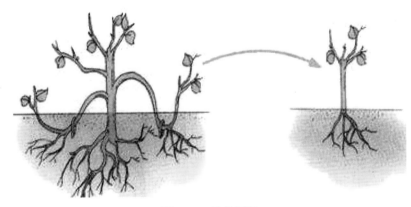

图 3-45　单枝压条

【堆土压条】

在丛生枝条的根基部覆土，使其生根成为新植株的繁殖方法。此法多用于丛生性花卉，可在头年将地上部剪短，促进侧枝萌发，第二年将各侧枝的基部刻伤堆土，生根后，分别移栽。这种压条方法适用于萌芽性强、丛生性强的植物种类，如八仙花、杜鹃、木兰等均可用此法繁殖（图 3-46）。

【波状压条】

将枝条弯曲于地面，在枝条上割伤数处，将割伤处埋入土中，生根后，切开移植，即成新个体。此法用于枝条长而易弯的种类（图 3-47）。

图 3-46　堆土压条

图 3-47　波状压条

【空中压条】

通称高压法。因始于我国古代，故又称中国压条法。适用于树体高大、树冠较高、枝条难以弯曲的木本植物进行压条繁殖。如桂花、山茶、米兰、橡皮树等。高压法可在整个生长期都可进行，但以春季和雨季较好。一般在 3 ～ 4 月选直立健壮的 2 ～ 3 年生枝，也可在春季选用去年生枝，或在夏末部分木质化技上进行，于基部 5 ～ 6 cm 处环剥 2 ～ 4 cm 左右，注意刮净皮层、形成层，在环剥处包上保湿的生根材料，如苔藓、椰糠、锯木屑、稻草泥，外用塑料薄膜包扎牢。3 ～ 4 个月后，待泥团中普通有嫩根露出时，剪离母树。为了保持水分平衡，必须剪去大部分枝叶，并用水湿透泥团，再蘸泥浆，置于树根下保湿催根，一周后有更多嫩根长出，即可假植或定植（图 3-48）。冬青类植物，如丁香、杜鹃及木兰应该过两个生长期。一般空中压条绿叶树是在生长缓慢期进行分株移植，落叶树是在休眠期进行分株移植。为防止生根基质松落损伤根系，最好在无光照弥雾装置下过渡几周，再通过锻炼成活更可靠。空中压条成活率高，但易伤母株。大量应用有困难。

图 3-48　空中压条

2. 压条后的管理

压条后，外界环境因素对压条生根成活有很大影响，应注意保持土壤湿润。适时灌水；保持适宜的土壤通气条件和温度，需及时进行中耕除草；常检查压入土中的枝条是否压稳了，有无露出地面，发现有露出地面的要及时重压，如果情况良好的尽量不要触动，以免影响生根。压条留在地面上的部分生长过长时，需及时剪去梢头，有利于营养积累和生根。

分离压条苗的时期，取决于根系生长状况。当被压处生长出大量根系，形成的根群，能够与地上枝条部分组成新的植株。压条生根后要有良好的根群，能够协调体内水分代谢平衡时，即可分割。一般春季压枝条须经过 3～4 个月的生根时间，待秋凉后才分割移栽。较粗的枝条需分 2～3 次切割，逐渐形成充足的根系后方能全部分离，新分离的植株抗性较弱，需要采取保护措施以提供良好的环境条件，适量的灌水、遮荫以保持地上、地下部的水分平衡，维持恰当的湿度和温度。一般温度为 22～28 ℃，相对空气湿度 8%，温度太高，介质易干燥，长出的不定根会萎缩，温度太低又会抑制发根。冬季采取防寒措施有利压条苗越冬。

（五）组织培养繁殖

1. 组织培养的概念

植物组织培养是指将植物体的细胞、组织或器官的一部分，在无菌条件下接种到人工配制的培养基上，于玻璃容器或其他器皿内在人工控制的环境条件下进行培养，从而获得新植株的方法。组织培养繁殖除具有快速、繁殖系数大的优点外，还通过组织培养以获得无病毒苗。已在许多观花和观叶植物上获得组培繁殖苗，如香石竹、兰花、杜鹃、蕨类、仙人掌及多肉植物等。

图 3-49　材料选取

2. 组织培养的方法

【材料采集】

材料采集非常广泛，可采取根、茎、叶、花、芽、花粉粒、花药及种子等。木本花卉来在一、二年生的枝条上采集；草本植物多采集茎尖。最常用的培养材料是茎尖，通常切块在 0.5 cm 左右，为培养无病毒苗而采用的培养材料通常仅取茎尖的分生组织部分，其长度在 0.1 mm 以下（图 3-49）。

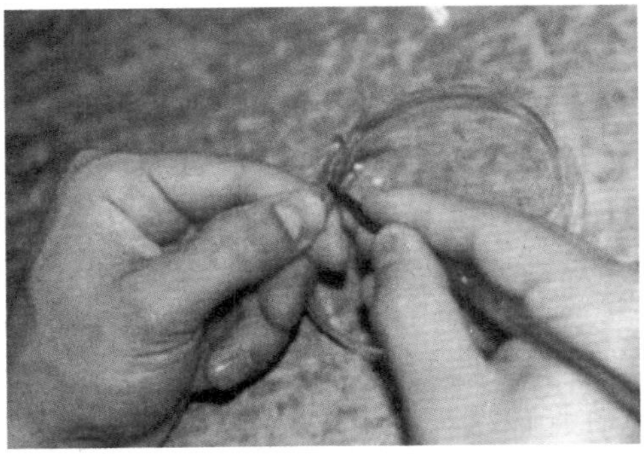

【消毒处理】

将材料用流水冲洗干净，最后一遍用蒸馏水冲洗，再用无菌纱布或吸水纸将材料上的水分吸干，并用消毒刀片切成小块；在无菌环境中将材料放入 70% 酒精中浸泡 30～60 s；再将材料移入漂白粉的饱和液或 0.1% 升汞中消毒 10 min；取出后用无菌水冲洗 3～4 次（图 3-50）。

【制备外植体】

将已消毒的材料，用无菌刀、剪、镊等，在无菌的环境下，剥去芽的鳞片、嫩枝的外皮和种皮胚乳等，叶片则不需剥皮。然后切成 0.2 ～ 0.5 cm 厚的小片（图 3-51）。

图 3-50　外植体消毒

图 3-51　外植体处理

【接种】

在无菌环境下，将切好的外植体立即接在培养基上，每瓶接种 4 ～ 10 个，接种后，瓶、管用无菌药棉或盖封口，培养皿用无菌胶带封口。培养温度大多数植物应保持在 25±2 ℃，不同花卉种类及材料部位的不同应区别对待（图 3-52）。

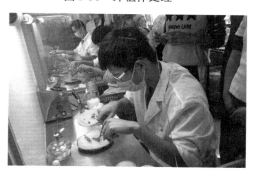

图 3-52　接种

【培养步骤】

（1）初代培养。即接种某些外植体后，最初的几代培养。初代培养时，常用诱导或分化培养基，即培养基中含有较多的细胞分裂素和少量的生长素。初代培养建立的无性繁殖系包括：茎梢、芽丛、胚状体和原球茎等（图 3-53）。

（2）继代培养。初代培养所获得的芽、苗、胚状体和原球茎等，需进一步增殖，使之数量越来越多，从而达到扩大繁殖的目的。将材料分株或切段转入增殖培养基中，增殖培养基一般在初代培养基上加以改良，以利于增殖率的提高（图 3-54）。

（3）生根培养。生根培养是使无根苗生根的过程。当材料增殖到一定数量后，将培养物转到生根培养基上。生根培养可采用 1/2 或者 1/4 MS 培养基，全部去掉细胞分裂素，并加增加生长素（NAA、IBA 等）（图 3-55）。

图 3-53　初代培养

图 3-54　继代培养

图 3-55　生根培养

【组培苗的炼苗和移栽】

试管苗从无菌到光、温、湿稳定的环境进入自然环境，必须进行炼苗。一般移植前，先将培养容器打开，于室内自然光照下放 3 d，然后取出小苗，用自来水把根系上的营养基冲洗干净，再栽入已准备好的基质中，基质使用前最好消毒。移栽前要适当遮阴，加强水分管理，保持较高的空气湿度（相对湿度98% 左右），但基质不宜过湿，以防烂苗（图 3-56）。

图 3-56　炼苗移栽

（六）孢子繁殖

孢子是在孢子囊中经过减数分裂形成的特殊细胞。蕨类植物繁殖时，叶的背面出现成群分布的孢子囊，此类叶称为孢子叶，植株其他叶称为营养叶。孢子成熟后，孢子囊开裂，散出孢子。孢子在适宜的条件下萌发生长为微小的配子体，又称原叶体，其上的精子器和颈卵器同体或异体而生，大多生于叶状体的腹面。精子借助外界水的帮助，进入颈卵器与卵结合，形成合子。合子发育为胚，胚在颈卵器中直接发育成孢子体，分化出根、茎、叶，主要用于观赏蕨类植物的繁殖。

1. 孢子繁殖的特点

孢子繁殖在植物界比较广泛，在花卉中仅见于蕨类，蕨类植物的孢子只有在一定的湿度、温度及 pH 值下才能萌发成原叶体。原叶体微小、只有假根，不耐干燥与强光，必须在水的条件下才能完成受精作用，发育成胚而再萌发成蕨类的植物体（孢子体）。成熟的孢子体上又产生大量的孢子，但在自然条件下，只有处于适宜条件下的孢子能发育成原叶体，也只有少部分原叶体能继续发育成孢子体。

2. 孢子繁殖的方法

【孢子的收集】

当孢子囊群变褐，孢子将散出时，给孢子叶套袋，连叶片一起剪下，在20 ℃干燥，抖动叶子，帮助孢子从囊壳中散出，收集孢子（图3-57）。

图3-57 鸟巢蕨孢子

【基质】

以保湿性强又排水良好的人工配合基质最好，常用2份泥炭藓和1份珍珠岩混合制作而成。

【播种和管理】

将基质放入浅盆内，稍压实。把孢子均匀撒播在浅盆表面，或用孢子叶直接在播种基质上抖动散播孢子。以浸盆法灌水，保持清洁并盖上玻璃片。将盆置于20～30 ℃的温室荫蔽处，经常喷水保湿，3～4周"发芽"并产生原叶体（叶状体）。当孢子体长到1 cm左右就可移栽。

【移栽】

产生原叶体时进行第一次移植，用镊子钳出一小片原叶体，待产生出具有初生叶和根的微小孢子体植物时再次移植。移栽的器皿可选择穴盘、塑料盆、瓦盆等，移栽的基质要求疏松透水。将孢子体分成小块，进行移栽。保持基质湿润，并适当遮荫。快速缓苗后，进行常规管理。

第四章 花卉的温室栽培方式及生产技术

一、无土栽培

（一）无土栽培的概念

除土壤之外还有许多物质可以作为花卉根部生长的基质。凡是利用其他物质代替土壤为根系系统环境来栽培花卉的方法，就是花卉的无土栽培。

（二）无土栽培的类型

1. 水培

水培就是将花卉的根系悬浮在装有营养液的栽培容器中，营养液不断循环流动以改善供氧条件。水培方式主要有如下几种。

【营养液膜技术】

营养液膜技术（NFT）仅有一薄层营养液流经栽培容器的底部，不断供给花卉所需营养、水分和氧气。根据栽培需要，又可分为连续式供液和间歇式供液两种类型。间歇式供液可以节约能源，也可以控制植株的生长发育，其特点是在连续供液系统的基础上加一个定时器装置，间歇供液的程序是在槽底垫有无纺布的条件下进行。一般夏季每 1 h 内供液 15 min、停供 45 min，冬季每 2 h 内供液 15 min、停供 105 min。时间参数要结合花卉具体长势及天气情况而调整（图4-1）。缺点是营养液层薄，栽培管理难度大，在遇短期停电时，花卉将面临水分胁迫，甚至有枯死的风险。

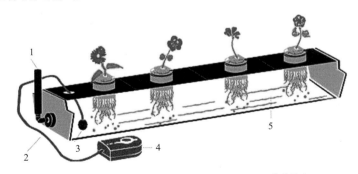

1.主排水管；2.空气管；3.气泡石；4.增氧泵；5.营养液库

图 4-1　营养液膜技术

【深液流技术】

深液流技术（DFT）是将栽培容器中的水位提高，使营养液由薄薄的一层变为 5 ～ 8 cm 深，因容器中的营养液量大，湿度、养分变化不大，即使在短时间停电，也不必担心花卉枯萎死亡，根茎悬挂于营养液的水平面上，营养液循环流动。通过营养液的流动可以增加溶存氧，消除根表有害代谢产物的局部累积，消除根表与根外营养液的养分浓度差，使养分及时送到根表，并能促进因沉淀而失效的营养液重新溶解，防止缺素症发生。（图 4-2）。

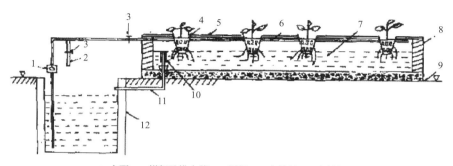

1. 水泵；2. 增氧及排水管；3. 阀门；4. 定植杯；5. 定植板；
6. 供液管；7. 营养液；8. 种植槽；9. 地面；10. 液面调节装置；11. 回流管；12. 地下贮液池

图 4-2　深液流技术

【动态浮根法】

动态浮根法（DRF）是指在栽培床内进行营养液灌溉时，花卉的根系随着营养液的液位变化而上下左右波动。灌满 8 cm 的水层后，由栽培床内的自动排液器将营养液排出去，使水位降至 4 cm 的深度。此时上部根系暴露在空气中可以吸氧，下部根系浸在营养液中不断吸收水分和养分，这种方式可以避免夏季高温使营养液温度上升、氧的溶解度降低等问题，有利于花卉的生长（图 4-3）。

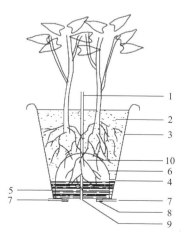

1. 上通气管；2. 基质；3. 外桶；4. 溢水口；5. 营养液；6. 网芯；7. 连通管；8. 支撑环；9. 底通气管；10. 空气层

图 4-3　动态浮根法

【浮板毛管水培法】

浮板毛管水培法（FCH）是在深液流法的基础上增加一块厚 2 cm、宽 12 cm 的泡沫塑料板，根系可以在泡沫塑料浮板上生长，便于吸收营养液中的养分和空气中的氧气。根际环境条件稳定，液温变化小，根际供养充分，不怕因临时停电影响营养液的供给（图4-4）。

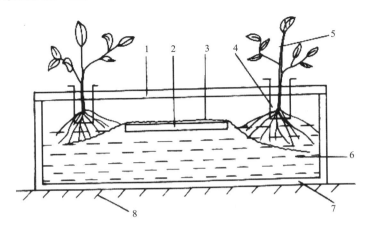

1.定植板；2.浮板；3.无纺布；4.定植杯；5.植株；6.营养液；
7.定型聚苯乙烯种植槽；8.地面

图4-4 浮板毛管水培法

【鲁 SC 系统】

在栽培槽中填入 10 cm 厚的基质，然后又用营养液循环灌溉花卉，因此也称为基质水培法。鲁 SC 系统因有 10 cm 厚的基质，可以比较稳定地供给水分和养分，故栽培效果良好，但一次性投资成本稍高（图4-5）。

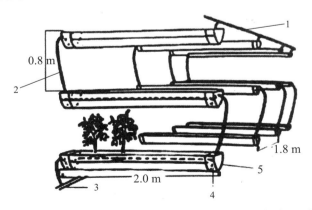

1.供液总管；2.栽培槽间的排液管；3.回流总管；4.营养液流动空间；5.基质层厚度（0.1 m）

图4-5 鲁 SC 系统

【雾培】

雾培是将植物的根系悬挂于密闭凹槽的空气中，槽内通入营养液管道，管道上隔一定距离有喷头，使营养液以喷雾形式提供给根系。雾气在根系表面凝结成水膜被根系吸收，根系连续不断地处于营养液滴饱和的环境中。雾培很好地解决了水、养分和氧气供应的问题，对根系生长极为有利，植株生长快，但是对喷雾的要求很高，雾点要细而均匀。雾培也是扦插育苗的最好办法（图4-6）。

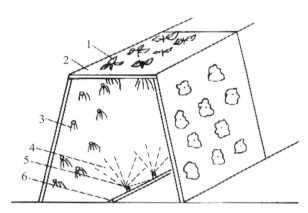

1. 植株；2. 泡沫塑料板；3. 根系；4. 雾状营养液；5. 喷头；6. 供液管

图4-6　梯形雾培种植槽示意

由于水培法使花卉的根系浸于营养液中，花卉处在水分、空气、营养供应的均衡环境之中，故能发挥花卉的增产潜力。水培设施都是循环系统，其生产的一次性投资大，且操作及管理严格，一般不易掌握。水培方式由于设备投入较多，故应用受到一定限制。

2. 基质栽培

基质栽培有两个系统，即基质—营养液循环系统和基质—固态肥系统。

【基质—营养液系统】

是在一定容器中，以基质固定花卉的根系，根据花卉需要定期浇灌营养液，花卉从中获得营养、水分和氧气的栽培方法。

【基质—固态肥系统】

又称有机生态型无土栽培技术，不用营养液而用固态肥，用清水直接灌溉。该项技术是我国科技人员针对北方地区缺水的具体情况而开发的一种新型无土栽培技术，所用的固态肥是经高温消毒或发酵的有机肥（如消毒鸡粪和发酵油渣）与无机肥按一定比例混合制成的颗粒肥，其施肥方法与土壤施肥相似，定期施肥，平常只浇灌清水。这种栽培方式的优点是一次性运转的成本较低，操作管理简便，排出液对环境无污染，是一种具有中国特色的无土栽培技术。

（三）花卉无土栽培的基质

栽培基质有两大类，即无机基质和有机基质。无机基质如沙、蛭石、岩棉、珍珠岩、泡沫塑料颗粒、陶粒等；有机基质如泥炭、树皮、砻糠灰、锯末、木屑等。目前 90% 的无土栽培均为基质栽培。由于基质栽培的设施简单，成本较低，且栽培技术与传统的土壤栽培技术相似，易于掌握，故我国大多采用此法。

1. 基质选用的标准

要有良好的物理性状，结构和通气性要好。

有较强的吸水和保水能力。

价格低廉，调制和配制简单。

无杂质，无病、虫、菌，无异味和臭味。

有良好的化学形状，具有较好的缓冲能力和适宜的 EC 值。

2. 常用的无土栽培基质

【沙】

沙为无土栽培最早应用的基质。其特点是来源丰富，价格低，但容重大，持水力差。沙粒大小应适当，以粒径 0.6 ~ 2.0 mm 为好。使用前应过筛洗净，并测定其化学成分，供施肥参考（图 4-7）。

图 4-7 沙子

【石砾】

石砾是河边石子或石矿厂的岩石碎屑，来源不同化学组成差异很大。一般选用的石砾以非石灰性（花岗岩等发育形成）的为好，选用石灰质石砾应用磷酸钙溶液处理。石砾粒径在 1.6 ~ 20 mm 的范围内，本身不具有阳离子代换量，通气排水性能好，但持水力差。由于石砾的容重大，日常管理麻烦，在现代无土栽培中已经逐渐被一些轻型基质代替，但是石砾在早期的无土栽培中起过重要的作用，现在用于深液流水培上作为定植填充物还是合适的（图 4-8）。

4-8 石砾

【蛭石】

蛭石属于云母族次生矿物，含铝、镁、铁、硅等，呈片层状，经 1 093 ℃高温处理，体积平均膨大 15 倍而成。蛭石孔隙度大，质轻（容重为 60 ～ 250 kg/m³），通透性良好，持水力强，pH 值中性偏酸，含钙、钾较多，具有良好的保温、隔热、通气、保水、保肥作用。因此经过高温锻炼，无菌、无毒，化学稳定性好，为优良无土栽培基质之一（图 4-9）。

图 4-9 蛭石

图 4-10 岩棉

【岩棉】

岩棉是 60 % 辉绿岩、20 % 石灰石和 20 % 焦炭经 1 600 ℃高温处理，然后喷成直径 0.5 mm 的纤维，再加压制成供栽培用的岩棉块或岩棉板。岩棉质轻，孔隙度大，通透性好，但持水略差，pH 值 7.0 ～ 8.0，花卉所需有效成分不高。西欧各国应用较多（图 4-10）。

【珍珠岩】

珍珠岩由硅质火山岩在 1 200 ℃下燃烧膨胀而成，其容重为 80 ～ 180 kg/m³。珍珠岩易于排水、通气，物理和化学性质比较稳定。珍珠岩不适宜单独作为基质使用，因其容重较轻，根系固定效果较差，一般和草炭、蛭石等混合使用（图 4-11）。

图 4-11 珍珠岩

图 4-12 泡沫塑料颗粒

【泡沫塑料颗粒】

泡沫塑料颗粒为人工合成物质，含脲甲醛、聚甲基甲酸酯、基苯乙烯等。泡沫塑料颗粒质轻，孔隙度大，吸水力强。一般多于沙和泥炭的等混合使用（图 4-12）。

【砻糠灰】

砻糠灰即碳化稻壳。质轻，孔隙度大，通透性好，持水力较强，含钾等多种营养成分，pH 值高，使用过程中应注意调整（图 4-13）。

【泥炭】

泥炭习称草炭，由半分解的植被组成，因植被母质、分解程度、矿质含量而有不同种类。泥炭容重较小，富含有机质，持水保水能力强，偏酸性，含植物所需要的营养成分。一般通透性差，很少单独使用，常与其它基质混合用于花卉栽培。泥炭是一种非常好的无土栽培基质，特别是在工厂化育苗中发挥着重要的作用（图4-14）。

图4-13　砻糠灰

图4-14　泥炭

【树皮】

树皮是木材加工过程中的下脚料，是一种很好的栽培基质，价格低廉，易于运输。树皮的化学组成因树种的不同差异很大。大多数树皮含有酚类物质且 C/N 较高，因此新鲜的树皮应堆沤一个月以上再使用。阔叶树树皮较针叶树树皮的 C/N 高。树皮有很多种大小颗粒可供利用，在盆栽中最常用直径为 1.5 ～ 6.0 mm 的颗粒。一般树皮的容重接近于泥炭，为 0.4 ～ 0.53 g/cm^3。树皮作为基质，在使用过程中会因物质分解而使容重增加，体积变小，结构受到破坏，造成通气不良、易积水，这种结构的劣变需要一年左右（图4-15）。

图4-15　树皮

【锯末与木屑】

锯末与木屑为木材加工副产品，在资源丰富的地方多用作基质栽培花卉。以黄杉、铁杉锯末为好，含有毒物质树种的锯末不宜采用。锯末质轻，吸水、保水力强并含一定营养物质，一般多与其它基质混合使用（图4-16）。

图4-16　锯末

此外用作栽培基质的还有陶粒、煤渣、砖块、火山灰、椰子纤维、木炭、蔗渣、苔藓、蕨根等。

3. 基质的消毒

任何一种基质使用前均应进行处理，如筛选除杂质、水洗除泥、粉碎浸泡等。有机基质经消毒后才宜应用。基质消毒的方法有 3 种。

【化学药剂消毒】

（1）福尔马林。福尔马林是良好的消毒剂，一般将原液稀释 50 倍，用喷壶将基质均匀喷湿，覆盖塑料薄膜，经过 24～26 h 后揭膜，再风干 2 周后使用。

（2）溴甲烷。利用溴甲烷进行熏蒸是相当有效的消毒方法，但由于溴甲烷有剧毒，并且是强致癌物质，因而必须严格遵守操作规程，并且须向溴甲烷中加入 2% 的氯化苦以检验是否对周围环境有泄漏。方法是将基质堆起，用塑料管将药剂引入基质中，每立方米基质用药 100～150 g，基质施药后，随即用塑料薄膜盖严，5～7 d 后去掉薄膜，晒 7～10 d 后即可使用。

【物理消毒】

（1）蒸汽消毒。向基质中通入高温蒸汽，可以在密闭的房间或容器中，也可以在室外用塑料薄膜覆盖基质，蒸汽温度保持 60～120 ℃，温度太高，会杀死基质中的有益微生物，蒸汽消毒时间以 30～60 min 为宜。蒸汽消毒比较安全，但成本较高。药剂消毒成本较低。但安全性较差，并且会污染周围环境。

（2）太阳能消毒。是近年来在温室栽培中应用较普遍的一种廉价、安全、简单实用的基质消毒方法。具体方法是，夏季高温季节在温室或大棚中，把基质堆成 20～25 cm 高的堆（长、宽依据情况而定），同时喷湿基质，使其含水量超过 80 %，然后用塑料薄膜覆盖基质堆，密闭温室或大棚，暴晒 10～15 d，消毒效果良好。

4. 基质的混合及配制

各种基质既可单独使用，也可以按不同的配比混合使用，但就栽培效果而言，混合基质优于单一基质，有机与无机混合基质优于纯有机或纯无机混合基质。基质混合总的要求是降低基质的容重，增加孔隙度，增加水分和空气的含量。基质的混合使用，以 2～3 种混合为宜。比较好的基质应适用于各种作物。育苗和盆栽基质，在混合时应加入矿质养分，以下是一些常用的育苗和盆栽基质配方。

【常用的混合基质】

（1）泥炭：珍珠岩：沙（1：1：1）。

（2）泥炭：珍珠岩（1：1）。

（3）泥炭：沙（1：1）。

（4）泥炭：沙（1：3）。

（5）泥炭：蛭石（1：1）。

（6）泥炭：沙（3：1）。

（7）蛭石：珍珠岩（1：2）。

（8）泥炭：火山岩：沙（2：2：1）。

（9）泥炭：蛭石：珍珠岩（2：1：1）。

（10）泥炭：珠岩：树皮（1：1：1）。

【美国加利福尼亚大学混合基质】

0.5 m³ 细沙（粒径 0.05 ～ 0.5 mm）、0.5 m³ 粉碎泥炭、145 g 硝酸钾、145 g 硫酸钾、4.5 kg 白云石、1.5 kg 钙石灰石、1.5 kg 过磷酸钙（20 % P_2O_5）。

【美国康奈尔大学混合基质】

0.5 m³ 粉碎泥炭、0.5 m³ 蛭石或珍珠岩、3.0 kg 石灰石（最好是白云石）、1.2 kg 过磷酸钙（20 % P_2O_5）、3.0 kg 三元复合肥（5 ～ 10 ～ 5）。

【中国农业科学院蔬菜花卉研究所无土栽培盆栽基质】

0.75 m³ 泥炭、0.13 m³ 蛭石、0.12 m³ 珍珠岩、3.0 kg 石灰石、1.0 kg 过磷酸钙（20 % P_2O_5）、1.5kg 三元复合肥（15 ～ 15 ～ 15）、10.0 kg 消毒干鸡粪。

【泥炭矿物质混合基质】

0.5 m³ 泥炭、0.5 m³ 蛭石、700 g 硝酸铵、700 g 过磷酸钙（20 % P_2O_5）、3.5 kg 磨碎的石灰石或白云石。

混合基质中含有泥炭，当植株从育苗钵（盘）中取出时，植株根部的基质就不易散开。当混合基质中泥炭含量小于 50 % 时，植株根部的基质易于脱落，因而在移植时，务必小心，以防损伤根系。如果用其他基质代替泥炭，则混合基质中就不用添加石灰石，因为石灰石主要是用来降低基质的氢离子浓度（提高基质 pH 值）。

（四）花卉无土栽培营养液的配制

1. 常用的无机肥料

硝酸钙：硝酸钙为白色结晶。易溶于水，吸湿性强，一般含氮 13% ～ 15%，含钙 25% ～ 27%，生理碱性肥。硝酸钙是配制营养液良好的氮源和钙源肥料。

硝酸钾：硝酸钾又称火硝，为白色结晶，易溶于水单不能吸湿，一般含硝态氮 13%，含钾 46%。硝酸钾为优良的氮钾肥，但在高温遇火情况下易引起爆炸。

硝酸铵：硝酸铵为白色结晶，含氮 34% ～ 35%，吸湿性强，易潮解，溶解度大，应注意密闭保存，具助燃性与爆炸性。硝酸铵含铵态氮比重大，故不作配制营养液的主要氮源。

硫酸铵：硫酸铵为标准氮素肥料，含氮 20% ～ 21%，为白色结晶啊，吸湿性小。硫酸铵为铵态氮肥，用量不宜大，可作补充氮肥施用。

磷酸二氢铵：磷酸二氢铵为白色结晶体，可由无水氨和磷酸作用而成，在空气中稳定，易溶于水。

尿素：尿素为酰胺态有机化肥，为白色结晶，含氮 46%，吸湿性不大，易溶于水。尿素是一种高效氮肥，作补充氮源有良好效果，还是根外追肥的优质肥源。

过磷酸钙：过磷酸钙为使用较广的水溶性磷肥，一般含磷 7% ～ 10.5%。含钙 19% ～ 22%，含硫 10% ～ 12%，为灰白色粉末，具吸湿性，吸湿后有效磷成分降低。

磷酸二氢钾：磷酸二氢钾为白色结晶，粉状，含磷 22.8%，钾 28.6%，吸湿性小，易溶于水，显微酸性。磷酸二氢钾的有效成分植物吸收利用率高，为无土栽培的优质磷、钾肥。

硫酸钾：硫酸钾为白色粉末状，含钾 50% ～ 52%，易溶于水，吸湿性小，生理酸性肥。硫酸钾是无土栽培中的良好钾源。

氯化钾：氯化钾为白色粉末状，含有效钾 50% ～ 60%，含氯 47%，易溶于水，生理酸性肥。氯化钾是无土栽培中的良好钾源。

硫酸镁：硫酸镁为白色针状结晶，易溶于水，含镁 9.86%，硫 13.01%。硫酸镁为良好的镁源。

硫酸亚铁：硫酸亚铁又称黑矾，一般含铁 19% ～ 20%，含硫 11.53%，为蓝绿色结晶，性质不稳，易变色。硫酸亚铁为良好的无土栽培铁源。

硫酸锰：硫酸锰为粉红色结晶，粉状，一般含锰 23.5%。硫酸锰为无土栽培中的锰源。

硫酸锌：硫酸锌为无色或白色结晶，粉末状，含锌 23%。硫酸锌为重要锌源。

硼酸：硼酸为白色结晶，含硼 17.5%，易溶于水。硼酸为重要的硼源，在酸性条件下可提高硼的有效性，营养液有效成分如果低于 0.5 mg/L，发生缺硼症。

磷酸：磷酸在无土栽培中可以作为磷的来源，而且可以调节 pH 值。

硫酸铜：硫酸铜为蓝色结晶，含铜 24.45%，硫 12.48%，易溶于水。硫酸铜为良好铜肥，营养液中含量低，为 0.002 ～ 0.012 mg/L。

钼酸铵：钼酸铵为白色或淡黄色结晶，含钼 54.23%，易溶于水。钼酸铵为无土在栽培中的钼源，需要量极微。

2. 营养液的配制

【营养液配制的原则】

（1）营养液应含有花卉所需要的大量元素即氮、钾、磷、镁、硫、钙、铁等和微量元素锰、硼、锌、铜、钼等。在适宜原则下元素齐全、配方组合，选用无机肥料用量宜低不宜高。

（2）肥料在水中有良好溶解性，并易为花卉吸收利用。

（3）水源清洁，不含杂质。

【营养液对水的要求】

（1）水源。自来水、井水、河水、和雨水是配制营养液的主要水源。自来水和井水使用前需对水质做化验，一般要求水质和饮用水相当。收集雨水要考虑当地空气污染程度，污染严重不可使用。一般降水量达到 100 mm 以上，方可作为水源。河水作水源需经处理，达到符合卫生标准的饮用水才可使用。

（2）水质。水质有软水和硬水之分。硬水是水中钙、镁的总离子浓度较高，超过了一定标准。该标准统一以每升水中氧化钙（CaO）的含量表示，1 度 =10 mg/L。硬度划分为：0～4 度为极软水，4～8 度为软水，8～16 度为中硬水，16～30 度为硬水，30 度以上为极硬水。用作营养液的水，硬度不能太高，一般以不超过 10 度为宜。

（3）其他。pH 值 6.5～8.5，氯化钠（NaCl）含量小于 2 mmol/L，溶氧在使用前应接近饱和。在制备营养液的许多盐类中，以硝酸钙最易和其他化合物起化合作用，如硝酸钙和硫酸盐混合时易产生硫酸钙的沉淀，硝酸钙与磷酸盐混合易产生磷酸钙沉淀。

【营养液的配制】

营养液内各种元素的种类、浓度因不同花卉种类、不同生长期、不同季节以及气候和环境条件而异。营养液配制的总原则是避免难溶性沉淀物质的产生。但任何一种营养液配方都必然潜伏着产生难溶性沉淀物质的可能性，配制时应运用难溶性电解质溶度积法则来配制，以免沉淀产生。生产上配制营养液一般分为浓缩贮备液（母液）和工作营养液（直接应用的栽培营养液）两种。一般将营养液的浓缩贮备液分成 A、B 两种母液（表 4-1）。A 母液以钙盐为中心，凡不与钙作用而产生沉淀的盐都可溶在一起；B 母液以磷酸盐为中心，凡不与磷酸根形成沉淀的盐都可溶在一起。以日本的配方为例，A 母液包括 Ca（NO$_3$）$_2$ 和 KNO$_3$，B 母液包括 NH$_4$H$_2$PO$_4$ 和 MgSO$_4$、EDTA-Fe 和各种微量元素。浓缩 100～200 倍。

表 4-1　花烛营养液配方

A 液		B 液	
化合物	含量（g/L）	化合物	含量（g/L）
Ca（NO$_3$）$_2$	27	KNO$_3$	11
NH$_4$NO$_3$	5.4	KH$_2$PO$_4$	13.6
KNO$_3$	14	K$_2$SO$_4$	8.7
EDTA	558	MgSO$_4$·7H$_2$O	24

A 液		B 液	
$FeSO_4 \cdot 7H_2O$	417	H_3BO_3	122
		Na_2MoO_4	12
		$ZnSO_4 \cdot 7H_2O$	87
		$CuSO_4 \cdot 5H_2O$	12

注：A 液用适量 38% 硝酸中和碳酸氢根离子，B 液用适量 59% 磷酸中和碳酸氢根离子。使用时分别取 A、B 母液各 1L，混合与 98L 水中，注意不能将未稀释的 A、B 母液直接混合。调节 pH 值至 5.6 ～ 6.0

【营养液 pH 值的调整】

当营养液的 pH 偏高或是偏低，与栽培花卉要求不相符时，应进行调整校正。pH 值偏高时加酸，偏低时加氢氧化钠。多数情况为 pH 值偏高，加入的酸类为硫酸、磷酸、硝酸等，加酸时应徐徐加入，并及时检查，使溶液的 pH 值达到要求。

在大面积生产时，除了 A、B 两个浓缩贮液罐外，为了调查营养液的 pH 值范围，还要有一个专门盛酸的酸液罐，酸液罐一般是稀释到 10 % 的浓度，在自动循环营养液栽培中，与营养液的 A、B 罐均用 pH 值仪和 EC 值仪自动控制。当栽培槽中的营养液浓度下降到标准浓度以下时，浓缩罐会自动将营养液注入营养液槽。此外，当营养液 pH 值超过标准时，酸液罐也会自动向营养液槽中注入酸。在非循环系统中，也需要这 3 个罐，从中取出一定量的母液，按比例进行稀释后灌溉花卉。常见花卉无土栽培营养液的 pH 值见表 4-2。

表 4-2　常见花卉营养液 pH 值

花卉种类	pH 值	花卉种类	pH 值
百合	5.5	唐菖蒲	6.5
鸢尾	6.0	郁金香	6.5
金盏菊	6.0	天竺葵	6.5
紫罗兰	6.0	蒲包花	6.5
水仙	6.0	紫苑	6.5
秋海棠	6.0	虞美人	6.5
月季	6.5	樱草	6.5
菊花	6.8	大丽花	6.5
倒挂金钟	6.0	香豌豆	6.8
仙客来	6.5	香石竹	6.8
耧斗菜	6.5	风信子	7.0

【几种主要花卉营养液的配方】

由于肥源条件、花卉种类、栽培要求以及气候条件不同，花卉无土栽培的营养液配方也不一样。表 4-3 和表 4-4 的配方是指大量元素，微量元素则按常量添加。以上配方可供无土栽培花卉经测试后选用，有些需要另加微量元素，其用量为每千克混合肥料中加 1 g，少量时可以不加（表 4-5 ～表 4-10）。

表 4-3　道格拉斯的孟加拉营养液配方

肥料名称	化学式	两种配方用量（g/L）	
		1	2
硝酸钠	$NaNO_3$	0.52	1.74
硫酸铵	$(NH_4)_2SO_4$	0.16	0.12
过磷酸钙	$CaSO_4·2H_2O+Ca(H_2PO_4)_2·H_2O$	0.43	0.93
碳酸钾	K_2CO_3		0.16
硫酸钾	K_2SO_4	0.21	
硫酸镁	$MgSO_4$	0.25	0.53

表 4-4　波斯特的加利福尼亚营养液配方

肥料名称	化学式	用量（g/L）
硝酸钙	$Ca(NO_3)_2$	0.74
硝酸钾	KNO_3	0.48
磷酸二氢钾	KH_2PO_4	0.12
硫酸镁	$MgSO_4$	0.37

表 4-5　菊花营养液配方

肥料名称	化学式	用量（g/L）
硫酸铵	$(NH_4)_2SO_4$	0.28
硫酸镁	$MgSO_4$	0.78
硝酸钙	$Ca(NO_3)_2$	1.68
硫酸钾	K_2SO_4	0.62
磷酸二氢钾	KH_2PO_4	0.51

表 4-6　唐菖蒲营养液配方

肥料名称	化学式	用量（g/L）
硫酸铵	$(NH_4)_2SO_4$	0.16
硫酸镁	$MgSO_4$	0.55

肥料名称	化学式	用量（g/L）
磷酸氢钙	$CaHPO_4$	0.47
硝酸钙	$Ca（NO_3）_2$	0.62
硫酸钙	$CaSO_4$	0.25
氯化钾	KCl	0.62

表 4-7 非洲紫罗兰营养液配方

肥料名称	化学式	用量（g/L）
硫酸铵	$（NH_4）_2SO_4$	0.16
硫酸镁	$MgSO_4$	0.45
硝酸钾	KNO_3	0.70
过磷酸钙	$CaSO_4·2H_2O+Ca（H_2PO_4）_2·H_2O$	1.09
硫酸钙	$CaSO_4$	0.21

表 4-8 月季、山茶、君子兰等观花花卉营养液配方

成分	化学式	用量（g/L）	成分	化学式	用量（g/L）
硝酸钾	KNO_3	0.60	硫酸亚铁	$FeSO_4$	0.015
硝酸钙	$Ca（NO_3）_2$	0.10	硼酸	H_3BO_3	0.006
硫酸镁	$MgSO_4$	0.60	硫酸铜	$CuSO_4$	0.000 2
硫酸钾	K_2SO_4	0.20	硫酸锰	$MnSO_4$	0.004
磷酸二氢铵	$NH_4H_2PO_4$	0.40	硫酸锌	$ZnSO_4$	0.001
磷酸二氢钾	KH_2PO_4	0.20	钼酸铵	$（NH_4）_6Mo_7O_{24}$	0.005
EDTA 二钠	Na_2EDTA	0.10			

表 4-9 观叶植物营养液配方

成分	化学式	用量（g/L）	成分	化学式	用量（g/L）
硝酸钾	KNO_3	0.505	硼酸	H_3BO_3	0.001 24
硝酸铵	NH_4NO_3	0.08	硫酸锰	$MnSO_4$	0.002 23
磷酸二氢钾	KH_2PO_4	0.136	硫酸锌	$ZnSO_4$	0.000 86
硫酸镁	$MgSO_4$	0.246	硫酸铜	$CuSO_4$	0.000 13
氯化钙	$CaCl_2$	0.333	钼酸	H_2MoO_4	0.001 17
EDTA 二钠铁	$Na_2FeEDTA$	0.024			

表 4-10　金桔等观果类花卉营养液配方

成分	化学式	用量（g/L）	成分	化学式	用量（g/L）
硝酸钾	KNO_3	0.70	硫酸铜	$CuSO_4$	0.000 6
硝酸钙	$Ca(NO_3)_2$	0.70	硼酸	H_3BO_3	0.000 6
过磷酸钙	$CaSO_4 \cdot 2H_2O + Ca(H_2PO_4)_2 \cdot H_2O$	0.80	硫酸锰	$MnSO_4$	0.000 6
硫酸亚铁	$FeSO_4$	0.12	硫酸锌	$ZnSO_4$	0.000 6
硫酸镁	$MgSO_4$	0.28	钼酸铵	$(NH_4)_6Mo_7O_{24}$	0.000 6
硫酸铵	$(NH_4)_2SO_4$	0.22			

（五）常见花卉无土栽培管理技术

无土栽培的优点就是用其它的栽培基质代替土壤，使用营养液来补充花卉生长发育所需的营养，所以栽培的花卉营养充足，植株生长健壮，开花整齐，花朵大、颜色鲜艳，病虫害少，保证了花卉的质量。一般较易栽培的有龟背竹、米兰、君子兰、茉莉、金桔、万年青、紫罗兰、蝴蝶兰、倒挂金钟、五针松、裂叶喜林芋、橡胶榕、巴西铁、蕨类植物、棕榈科植物等室内外盆栽花卉。盆栽花卉由有土栽培转为无土栽培，可在任何季节进行。其具体操作步骤如下。

1. 配制营养液

将市场上销售的无土栽培营养液用水按规定倍数稀释。也可以用下列配方配制营养液。

大量元素：KNO_3 3 g，$Ca(NO_3)_2$ 5 g，$MgSO_4$ 3 g，$(NH_4)_3PO_4$ 2 g，K_2SO_4 1 g，KH_2PO_4 1 g；

微量元素：Na_2EDTA 100 mg，$FeSO_4$ 75 mg，H_3BO_3 30 mg，$MnSO_4$ 20 mg，$ZnSO_4$ 5 mg，$CuSO_4$ 1 mg，$(NH_4)_6Mo_7O_{24}$ 2 mg；

自来水：5 000 mL（即 5 kg）。将大量元素与微量元素分别配成溶液然后混合起来即为营养液。微量元素用量很少，不易称量，可扩大倍数配成母液稀释使用，然后按同样倍数缩小抽取其量。例如，可将微量元素扩大 100 倍称重化成溶液，然后提取其中 1% 溶液，即所需之量。营养液无毒、无臭，清洁卫生，可长期存放。

2. 栽植过程

脱盆：用手指从盆底孔把根系连土顶出。

洗根：把带土的根系放在和环境温度接近的水中浸泡，将根际泥土洗净。

浸液：将洗净的根放在配好的营养液中浸 10 min，让其充分吸收养分。

装盆和灌液：将花盆洗净，盆底孔放置瓦片或填塞塑料纱，然后在盆里放入少许珍珠岩、蛭石，接着将植株置入盆中扶正，再在根系周围装满珍珠岩、蛭石等轻质矿石，轻摇花盆，使矿石与根系密接。随即浇灌配好的营养液，直到盆底孔有液流出为止。

加固根系：用英石、斧劈石等碎块放在根系上面，加固根系，避免倒伏。同时叶面喷些清水。

3. 日常管理

无土栽培的花卉，对光照、温度等条件的要求与有土栽培无异。植株生长期每周浇一次营养液，用量根据植株大小而定，叶面生长慢的花卉用量酌减；冬天或休眠期 15 ～ 30 d 浇 1 次。室内观叶植物，可在弱光条件下生存，应减少营养液用量。营养液也可用于叶面喷施。平时要注意适时浇水。在整个生长发育期，进行病虫害的综合防治。

（六）花卉无土栽培实例

1. 蝴蝶兰无土栽培技术

蝴蝶兰属于兰科花卉，又称洋兰，属于多年生附生花卉，又称附生兰。其开花后形似蝴蝶。其花形如彩蝶飞舞，多年常绿草本，单轴分枝。茎短而肥厚，无假鳞茎。叶短而肥厚，多肉。根系发达，成扁平丛状，从节部长出。总状花序腋生，下垂，着花 10 朵左右。花色常见有白色，紫色、粉色等。色彩鲜艳，花期持久，素有"洋兰皇后"的美誉，是观赏价值和经济价值很高的著名盆栽植物（图 4-17）。

【栽培基质的选择】

在蝴蝶兰生产中常见的基质有：水草、苔藓、树皮、陶粒。合理地选用栽培基质是无土栽培蝴蝶兰的重中之重。因为蝴蝶兰的根系是气生根，对排水、透气要求较高，所以生产中选择基质以水草、树皮为主。这些基质具有较强的保水性和透气性，且有不易腐烂等优点。基质在使用之前必须用水浸泡 12 h 以上，使其基质吸足水分。基质的 pH 值以 5.5 为宜。

【浇水】

蝴蝶兰原产于亚洲南部热带森林中，雾气较多，湿度较高（一般相对湿度在 70% ～ 80%）。但在不同的生长时期和不同的生长季节需水量不同。一般春秋季节每 3 d 浇水 1 次；夏季每 2 d 浇水 1 次，冬季可 7 d 浇水 1 次。在浇水过程中，应注意刚出瓶的小苗一般用喷雾的方法补水，对于中苗和大苗用滴灌的方法。浇水一般选择在上午进行，以有少量的水从盆底流出为宜，若水过多则易引起烂根死亡和某些病害的发生。

【施肥】

在兰科花卉中，蝴蝶兰在适宜的条件下生长迅速，需肥量较多，主要以液肥为主，通常施肥和浇水同时进行。保持每周喷施 1 次液肥。蝴蝶兰在不同的生长时期对 N、P、K 的需求量不同，幼苗期和生长盛期应施用含 N 量较高的肥料，而在花芽分化期至开花期应施用含 P、K 较高的肥料。每 7～8 d 施肥 1 次，施肥要严格按照施肥标准进行，若施肥过多会带来不利的影响；例如施 N 过多叶片细长，甚至引起倒伏；施 K 过多会使茎叶过于坚硬；施 P 过多会促进苗早期进入生殖生长阶段。

【温度】

蝴蝶兰原产于亚洲南部的热带森林，处于一种高温、高湿、低海拔的环境条件下生长。但不同大小的苗和不同生长时期对温度的要求不同。在幼苗时期，适宜的温度为 18～30 ℃，中苗时期为 25～28 ℃，大苗时期为 22～30 ℃。白天温度不能高于 32 ℃，夜间温度不能低于 13 ℃，若过高或过低都会迫使蝴蝶兰进入半休眠状态。但是适当的降低温度可延长观赏时间，开花时夜间的温度最好控制在 13～18 ℃，但不能低于 13 ℃。

【光照】

尽管蝴蝶兰较喜阴，但在正常生长的过程中，仍然需要大量的散射光照。并且在不同的生长时期，蝴蝶兰所适宜光照强度不同。一般小苗在 2～15 klx；中苗在 12～15 klx；大苗在 15～20 klx。但光照对温度的控制也有影响，一般低温条件可忍受较强的光照，而高温则必须是低强度的光照。

【病虫害防治】

（1）软腐病。症状为叶基部腐烂，球茎烂，有细菌味。防治方法：在发病初期喷洒农用链霉素 4 000～5 000 倍液，每 7 d 喷 1 次，喷 2～3 次。

（2）灰霉病。症状为花梗和叶背有透明的黏液。防治方法：可用 5% 百菌清烟剂熏蒸。

（3）红蜘蛛。高温，干旱，不通风时，此虫害易流行，为害症状为叶面斑状失绿，用哒螨灵 20% 可湿性粉剂或 15% 乳油对水稀释至 50～70 mg/L（2 300～3 000 倍）喷雾。

2. 盆栽红掌的养护与管理

红掌又称花烛、安祖花等，是近年来我国引进花卉中比较成功的一种，在我国大部分地区均有栽植。红掌以它特有的绚丽多彩的心形佛焰苞片，配以艳丽的肉质花序组成的花，在浓绿的叶片衬托下，给人以热血、热情、热心的感觉（图 4-18）。

【红掌对栽培环境的要求】

红掌喜湿热、排水通畅的环境。一般用人工合成的基质栽培，常用的栽培基质有泥炭土、甘蔗渣、木屑、核桃壳、火山土、稻壳、椰子壳、树皮、碎石、炭渣、珍珠岩等。这些基质一般不单独使用，应根据透气、保湿等具体要求进行调配。苗床栽培时要用黑网遮光，夏季遮光率应达 75% ～ 80%，冬季遮光率应控制在 60% ～ 65%。终年温度应保持在 18 ～ 20 ℃，但不宜超过 35 ℃。当温度高于 35 ℃，应及时向植株及周围喷水，一定程度上，高温情况下湿度也很高时，就不容易造成伤害。

图 4-17 蝴蝶兰无土栽培

图 4-18 红掌无土栽培

【栽植前准备】

栽培基质的选择：红掌原为附生植物，不适合土壤栽培，所用基质要求有良好的通气性，孔隙度要在 30% 以上，腐殖质含量要高。在规范化大面积生产过程中，使用的基质主要以泥炭土为主，加少量珍珠岩、粗河沙混合，并用少量插花泥铺垫盆底。家庭中少量栽培，建议购买配制好的土再加陶粒或干树皮混合（比例 2 ∶ 1）作基质。配置好的基质一定要进行消毒处理，生产上常用 40% 的甲醛（又称福尔马林）用水稀释成 2% ～ 2.5% 溶液将基质喷湿，混合均匀后用塑料薄膜覆盖 24 h 以上，使用前揭去薄膜让基质风干两周左右，以消除残留药物为害。

盆钵或栽植床选择：不同大小的种苗对盆的规格要求不同，一般红掌苗为 6 ～ 8 cm 或 10 ～ 15 cm，可选择 100 mm×120 mm 或 150 mm×150 mm 的红色塑料盆种植；栽前要对花盆进行彻底消毒处理。上盆时一定使植株心部的生长点露出基质的水平面，同时应尽量避免植株叶面沾染基质。上盆时先在盆下部填充 6 ～ 8 cm 基质，将植株正放于盆中央，使根系充分展开，最后填充基质至盆面 2 ～ 3 cm 即可，但应露出植株中心的生长点及基部的小叶。

栽植床可采用低床或以砖、水泥做过框高于地面 40 cm 的高床，床宽 60 ～ 100 cm、步道 40 cm、深 35 cm、床底铺 10 cm 厚的碎石，上面铺 25 cm 厚的栽培基质，定植前栽植床要严格消毒。

【管理】

（1）温度。红掌生长对温度的要求主要取决于其它气候条件。温度与光照之间的关系非常重要。一般而言，阴天温度需 18 ～ 20 ℃，湿度 70% ～ 80%。晴天温度需 20 ～ 28 ℃，湿度在 70% 左右。总之，温度应保持在 30 ℃ 以下，湿度要在 50% 以上。在高温季节，光照越强，室内气温越高，这时可通过喷淋系统或雾化系统来增加温室空气相对湿度，但须保证夜间植株不会太湿，减少病害发生；也可通过开启通风设备来降低室内湿度，以避免因高温而造成花芽败育或畸变。在寒冷的冬季，当室内昼夜气温低于 15 ℃ 时，要进行加温；当气温低于 13 ℃ 时更需要用加温机进行加温保暖，防止冻害发生，使植株安全越冬。

（2）肥料。红掌施肥的原则是"宁稀勿重，少量多次"，否则容易造成伤根，影响植株生长并直接造成死亡。基质栽培渗漏性高，施肥应以追肥为主，每 2 ～ 3 个月可追施饼肥 1 次。淋水最好是结合淋液肥一起进行，平时多向叶片及周围喷水，以增加栽培环境的湿度。肥料根据荷兰栽培经验，对红掌进行根部施肥比叶面根外追肥效果要好得多。因为红掌的叶片表面有一层蜡质，不能对肥料进行很好的吸收。液肥施用要掌握定期定量的原则，秋季一般 3 ～ 4 d 为 1 个周期，如气温高，视盆内基质干湿可 2 ～ 3 d 浇肥水 1 次；夏季可 2 d 浇肥水 1 次，气温高时可多浇 1 次水；冬季一般 5 ～ 7 d 浇肥水 1 次。温度达到 28 ℃ 以上时，必须使用喷淋系统或雾化系统来增加室内空气相对湿度，以营造红掌高温高湿的生长环境。但在冬季即使温室的气温较高也不宜过多降温保湿，因为夜间植株叶片过湿反而降低其御寒能力，使其容易冻伤，不利于安全越冬。现在市场上还有一种缓效肥，按其说明埋入土中，以后随浇水随溶解，供红掌吸收，一次施用 1 ～ 3 g，其肥效可长达 3 个月。这些肥料有一个共同特点：是所需营养元素齐全，不同的生长发育时期，有不同的配方，而且肥效显著、干净卫生。家庭养护中还可以用麻酱渣沤制，如在其中再放些硫酸亚铁，即制成所谓的矾肥水效果会更好。在家庭施肥中应该掌握浓度，亦稀不亦浓，少量多次。

（3）浇水。天然雨水是红掌栽培中最好的水源。如工厂化生产用自来水时，水的 pH 值控制在 5.2 ～ 6.1 最好。盆栽红掌在不同生长发育阶段对水分要求不同。幼苗期由于植株根系弱小，在基质中分布较浅，不耐干旱，一次性浇透水，经常保持基质湿润，促使其早发新根，并注意盆面基质的干湿度；中、大苗期植株生长快，需水量较多，水分供应必须充足；开花期应适当减少浇水，增施磷、钾肥，以促开花。在浇水过程中一定要干湿交替进行，切忌在植株发生缺水严重的情况下浇水，这样会影响其正常生长发育。

（4）湿度。红掌喜欢湿度较高的环境。这里所指湿度，是指空气中的相对湿度，而不是指栽植介质中的含水量。湿度又是个变量，因为当温度升高、干旱风加大（特别是我国北方）时不补充水分，那么湿度就会降低。一般来说，红掌所需湿度应保持在 70 % ～ 80 % 为好（气温 20 ～ 28 ℃），温度的高低能调节湿度，也就是说能调节红掌叶面的蒸腾作用。相对湿度过低，致使其干旱缺水，叶片及佛焰苞片的边缘出现干枯，佛焰苞片不平整。红掌浇水的水温，应保持在 15 ℃ 左右（包括所浇营养液），这一点在严寒、酷暑尤为重要。而介质中的水分不要过湿，因为红掌的根是半肉质的，本身储存着大量水分，介质中水分过多，造成介质缺氧，根系呼吸受阻，长期处于过湿状态，就会造成根系腐烂。以上是说明水分的量化标准。家庭养护红掌，很难达到温室的效果，这也是家庭选购红掌的阻碍。可以通过以下方法创造出适宜红掌生长所需的湿度环境。比如家庭还养有观赏鱼，可以把红掌架在鱼缸上，盆下放托盘，或放置在鱼缸旁。还可以用两个花盆托盘，下面放一个略大的托盘，并将其中注满水，上面用一个小号托盘，反扣在有水的托盘上，再将红掌的盆花架在其上，注意盆底不要接触水面。也可以用废弃的可乐瓶、矿泉水瓶接满自来水经晾置 3 ～ 4 d 后灌入喷壶中，喷红掌叶面。夏季在 10:00—11:00 喷 1 次，15:00 以后喷 1 次，但喷水的 pH 值要小，不能偏大。所浇的水也要经过如上晾置后再用，一方面自来水中的氯气可以挥发，另一方面经过晾置的水与室温能保持一致。晾置的水不要在阳光下晒，以避免绿藻的生成。如果用凉白开水，也是可行的。

（5）光照。红掌是按照叶—花—叶—花循环生长的。花序在每片叶的叶腋中形成。而花与叶产量的差别最重要的因素是光照。如果光照太少，在光合作用的影响下植株所产生的同化物也很少。当光照过强时，植株的部分叶片就会变暖，有可能造成叶片变色、灼伤或焦枯现象。因此，光照管理的成功与否，直接影响红掌产生同化物的多少和后期的产品质量。为防止花苞变色或灼伤，必须有遮阳保护。温室内红掌光照的获得可通过活动遮阳网来调控。在晴天时遮掉75%的光照，温室最理想光照是 20 klx 左右，最大光照强度不可长期超过 25 ～ 30 klx，早晨、傍晚或阴雨天则不用遮光。然而，红掌在不同生长阶段对光照要求各有差异。如营养生长阶段（平时摘去花蕾）对光照要求较高，可适当增加光照，促使其生长。开花期间对光照要求低，可用活动遮光网调至 10 ～ 15 klx，以防止花苞变色，影响观赏。因此，要灵活掌握红掌在不同生长阶段对光照的要求，以确保其正常健壮生长。红掌种植时防止过强的光照，可用 75% 的遮光网遮光，并及时用清水喷洗植株叶片，再喷杀菌剂，以防止疫霉病和腐霉病的发生。

【病虫害的防治】

红掌对于杀虫剂和杀菌剂极为敏感，因此，一般要求不在高温高光照时喷施，北方地区夏天高温时不要喷施，可在早上或者傍晚喷施；冬天最好是在上午喷施，下午由于温度降低较快，容易引起"温室雾"，反而加快病菌的传播。

（1）传染性病害。红掌对于细菌性病害没有特效药，主要是以预防为主。环境预防包括加强温室的温度（细菌理想的繁殖条件是 30 ℃左右）的控制、卫生环境和生产区人员、作业工具的流动等。肥料预防包括在植株生长中尽量不用高 NH_4 态的氮肥，去除或隔离病株。药物预防是定期用药物喷施生产区，可以选用药物有农用链霉素、新植霉素、土霉素、溃枯宁等。由于铜制剂对红掌有毒害作用，要慎用。红掌对于真菌性病害一般的杀菌药都可以解决，如红掌的斑叶病，病原是壳针孢属真菌，表现的主要症状是叶片上有棕色斑点，斑点中心组织死亡，外面是一环黄色的组织。可以用 50% 克菌丹、75% 百菌清、50% 扑海因、64% 杀毒矾 M8 定期喷施，可以 1 周左右用药 1 次，连续 4～5 次。红掌的柱盘孢属是一种真菌病害，主要的表现症状是叶片逐渐变干，黄化萎蔫，植株基部变为棕色。防治方法可以用 5% 的速克灵、50% 甲基托布津等。

（2）生理性病害。盲花、花畸形、形成莲状，一是根压过大，二是与植物体本身的遗传性状也有很大的关系，比如有的品种就是育种商特意选育的品种。处理办法是浇水适量，选择透水透气性好的栽培基质；佛焰苞不开，原因是温室的相对湿度过低，可能也与品种有关。处理的办法就是增加温室的湿度，浇水适度。

（3）虫害。红掌最多发生的虫害是红蜘蛛、线虫、菜青虫、白粉虱、蓟马、蜗牛、介壳虫，其中以红蜘蛛、线虫、菜青虫为主。红掌对杀虫剂敏感，使用时浓度一定要正确，其浓度也通常比用其它花卉的低。

【总结】

红掌经过一段时间的栽培管理，基质会产生生物降解和盐渍化现象，从而使其基质 pH 值降低，EC 值增大，进而影响植株根系对肥水的吸收能力。因此，基质的 pH 值和 EC 值必须定期预测，并依测定数据来调整各营养元素的比例，以促进植株对肥水的吸收。

大多红掌会在根部自然萌发许多小吸芽，争夺母株营养，而使植株保持幼龄状态，影响株形。摘去吸芽可从早期开始，以减少对母株的伤害，摘去吸芽用手即可，不必用剪刀或小刀。

二、容器栽培

将栽植于各类容器中的花卉统称盆栽花卉，简称盆花或盆栽。盆栽便于控制花卉生长的各种条件，利于促成栽培，还便于搬移，既可陈设于室内，又可布置于庭院。盆栽易于抑制花卉的营养生长，促进花卉的发育，在适当水肥管理条件下常矮化，且繁密，叶茂花多。

近些年我国盆花发展极其迅猛，每年的年宵花市场上，盆花琳琅满目，供求数量飞速增长。蝴蝶兰、大花蕙兰、凤梨、杜鹃花、仙客来、一品红、花烛等盆花都深受人们的青睐。组合盆栽也备受推崇，组合盆栽又称盆花艺栽，就是把若干种独立的植物栽种在一起，使它们成为一个组合整体，以欣赏它们的群体美，使之以一种崭新的面貌呈现在人们面前这种盆花艺栽色彩丰富，花叶并茂，极富自然美和诗情画意，予人以一种清新和谐的感觉，极大地提高了盆花的观赏效果。

（一）花盆及盆土

1. 花盆

花卉盆栽应选择适当的花盆。通用的花盆为素烧泥盆或称瓦钵，这类花盆通透性好，适于花卉生长，价格便宜，花卉生产中广泛应用。近年塑料盆也大量用于花卉生产，它具有色彩丰富、轻便、不易破碎和保水能力强等优点。此外应用的还有紫砂盆、水泥盆、木桶以及作套盆用的瓷盆等。不同类型花盆的透气性、排水性等差异较大（表4-11），应根据花卉的种类、植株的高矮和栽培目的选用。

花盆的形状多种多样，大小不一，样式也越来越丰富，柱状立体栽培容器就是其中一种，它不仅美观、节约空间，而且可以根据需要进行组合，可以向上延伸高度，4～6个柱状栽培容器组成一组，最高可达，中心有透气层。保持水分时间也很长，从立柱的最高处浇水，水分可以平均分布到各层，一次浇透可保湿20～30 d。这种柱状立体栽培容器的应用范围广，既可家庭养花用，也适用于宾馆、饭店大堂的植物立体装饰，节省了管理时间，但基质的要求较高。有些花盆盆底留排水孔，排水孔紧贴地面或花架，易堵塞，使用时，应先在地面铺一层粗纱或木屑、谷壳等或将花盆用砖头垫起，以免堵塞花盆的排水孔。塑料盆等盆壁透气性差的容器，可以通过选择空隙大的基质来弥补其缺陷。

2. 盆土

容器栽培，盆土容积有限，花卉赖以生存的空间有限，因此要求盆土必须具有良好的物理性状，以保障植物正常生长发育的需要。盆土的物理特性比其所含营养成分更为重要，因为土壤营养状况是可以通过施肥调节的。良好的透气性应是盆土的重要物理性状之一，因为盆壁与盆底都是排水的障碍，气体交换也受影响，且盆底易积水，影响根系呼吸，所以盆栽培养土的透气性要好。培养土还应有较好的持水能力，这是由于盆栽土体积有限，可供利用的水少，而盆壁表面蒸发量相当大，约占全部散失水的50%，而叶面蒸腾仅占30%，盆土表面蒸发占20%。盆土通常由园土、沙、腐叶土、泥炭、松针土、谷糠、蛭石、珍珠岩和腐熟的木屑等材料按一定比例配制而成，培养土的酸碱度和含盐量要适合花卉的需求，同时培养土中不能含有害微生物和其他有毒物质。

表 4-11　盆栽容器的类别及性能

材质	类别	用途	透气性	排水	花盆特性
土	素烧盆	栽培观赏	良好	良好	质地粗糙，不美观，易破损，使用不太方便
	陶瓷盆	栽培观赏	不透气	居中	观赏价值高，不太易破损
	紫砂盆	栽培观赏	居中	良好	造型美观，形式多样
	套盆	栽培观赏	不透气	不良	盆底无孔洞，不漏水，美观大方
塑胶	硬质	栽培观赏	不透气	居中	不易破损，轻而方便，保水能力强
	软质	育苗	不透气	居中	不会破，使用方便，容易变形
	发泡盆	栽培观赏	不透气	居中	轻而体积大
木	木盆或木桶	栽培观赏	居中	良好	规格较大，盆侧有把手，便于搬运，整体美观
玻璃	玻璃钢花钵、瓶箱	栽培观赏	较差	居中	盆体质轻高强，耐腐蚀，各种造型都极为美观
石	石盆	栽培观赏	较差	居中	盆重不易搬移，适于大型花材的栽植观赏
泥炭	吉惠盆	育苗	良好	不好	易破损，质轻，便于简便，不能重复使用
纸	纸钵	育苗	不一致	良好	易破损，质轻但使用费时，不能重复使用
其他	水养盆、兰盆	栽培观赏			

【田园土】

园土是果园、菜园、花园等的表层活土，具有较高的肥力及团粒结构，但因其透气性差，干时板结，湿时泥状，故不能直接拿来装盆，必须配合其他透气性强的基质使用。

【厩肥土】

马、牛、羊、猪等家畜厩肥发酵沤制，其主要成分是腐殖质，质轻、肥沃，呈酸性反应。

【沙和细沙土】

沙通常指建筑用沙，粒径为 0.1～1 mm；用作扦插基质的沙，粒径应在 1～2 mm 较好，素沙指淘洗干净的粗沙。细沙土又称沙土、黄沙土、面土等，沙的颗粒较粗，排水性较好，但与腐叶土、泥炭土相比较透气、透水性能差，保水持肥能力低，质量重，不宜单独作为培养土。

【腐叶土】

腐叶土由树木落叶堆积腐熟而成，土质疏松，有机质含量高，是配制培养土最重要的基质之一。以落叶阔叶树最好，其中以山毛榉和各种栎树的落叶形成的腐叶土较好。腐叶土养分丰富，腐殖质含量高，土质疏松，透气透水性能好，一般呈酸性（pH 值 4.6～5.2），是优良的传统盆栽用土。适合于多种盆栽花卉应用。尤其适用于秋海棠、仙客来、地生兰、蕨类植物、倒挂金钟、大岩桐等。腐叶土可以人工进行堆制，也可以在天然森林的低洼处或沟内采集。

【堆肥土】

堆肥土是由植物的残枝落叶、旧盆土、垃圾废物等堆积，经发酵腐熟而成。堆肥土富含腐殖质和矿物质，一般呈中性或碱性（pH 值 6.5～7.4）。

【塘泥和山泥】

塘泥是指沉积在池塘底的一层泥土，挖出晒干后，使用时破碎成直径 0.3～1.5 cm 的颗粒。遇水不易破碎，排水和透气性比较好，也比较肥沃，是华南多雨地区盆栽用土，历史悠久。一般使用 2～3 年后颗粒粉碎，土质变黏，不能透水，需要更换新土。山泥是江浙一带等山区出产的天然腐熟土，呈酸性，疏松、肥沃、蓄水，是栽培山茶、兰花、杜鹃、米兰等喜酸性花卉的良好基质。

【泥炭】

泥炭土分为褐泥炭和黑泥炭。褐泥炭呈浅黄至褐色，富含有机质，呈酸性，pH 值 6.0～6.5，是酸性植物培养土的重要成分，也可以掺入 1/3 河沙作扦插用土，既有防腐作用，又能刺激插穗生根。黑泥炭炭化年代久远，呈黑色，矿物质较多，有机质较少，pH 值 6.5～7.4。

【松针土】

山区松树林下松针腐熟而成，呈强酸性，是栽培山茶、杜鹃等强酸性花卉的主要基质。

【草皮土】

取草地或牧场上的表土，厚度为 5～8 cm，连草及草根一起掘取，将草根向上堆积起来，经一年腐熟后的土。草皮土含较多的矿物质，腐殖质含量较少，堆积年数越多，质量越好，因土中的矿物质能得到较充分的风化。草皮土呈中性至酸性，pH 值 6.5 ～ 8.0。

【沼泽土】

沼泽土主要由水中苔藓和水草等腐熟而成，取自沼泽边缘或干涸沼泽表层约 10 cm 的土壤。含较多腐殖质，呈黑色，强酸性 pH 值 3.5 ～ 4.0。我国北方的沼泽土多为水草腐熟而成，一般为中性或微酸性。

盆栽花卉除了以土壤为基础的培养土外，还可用人工配制的无土混合基质，如用珍珠岩、蛭石、砻糠灰、泥炭、木屑或树皮、椰糠、造纸废料、有机废物等一种或几种按一定比例混合使用。由于无土混合基质质地均匀、重量轻、消毒便利、通气透水等优点，在盆栽花卉生产中越来越受重视，尤其是一些规模化、现代化的盆花生长基地，盆栽基质大部分采无土基质。常见培养土成分及配制比例见表 4-12。

表 4-12　常用培养土成分及配制比例

培养土成分	比例	适宜的花卉种类
园土、腐叶土、黄沙、骨粉	6 : 8 : 6 : 1	通用
泥炭、黄沙、骨粉	12 : 8 : 1	通用
腐叶土、园土、砻糠灰	2 : 3 : 1	凤仙花、鸡冠花、一串红等
堆肥土、园土	1 : 1	一般花木类
堆肥土、园土、草木灰、细沙	2 : 2 : 1 : 1	一般宿根花卉
腐叶土、园土、黄沙	2 : 1 : 1	多浆植物
腐叶土加少量黄沙		山茶、杜鹃、秋海棠、地生兰、八仙花等
水苔、椰子纤维或木炭块		气生兰

（二）上盆与换盆

1. 上盆

把花卉幼苗移栽定植到花盆中的过程称为上盆。幼苗上盆重点是避免伤根，所以一般带土移栽。上盆前，对花盆进行清洗浸泡，最好消毒后使用。上盆时首先在盆底排水孔处垫置破盆瓦片或用窗纱以防盆土漏出并方便排水，再加少量盆土，将花卉根部向四周展开轻置土上，加土将根部完全埋没至根颈部，使盆土至盆缘保留 3 ～ 5 cm 的距离，以便日后灌水施肥（图 4-19）。

图 4-19　上盆

2. 换盆

　　多年生花卉长期生长于盆钵内有限土壤中，常感营养不足，加以冗根盈盆，因此随植株长大，需逐渐更换大的花盆，扩大其营养面积，利于植株继续健壮生长，这就是换盆。换盆还有一种情况是原来盆中的土壤物理性质变劣，养分丧失或严重板结，必须进行换盆，而这种换盆仅是为了修整根系和更换新的培养土，用盆大小可以不变，故也可称为翻盆（图 4-20）。

图 4-20　换盆

　　换盆的注意事项：①应按照植株的大小逐渐换到较大的盆中，不可换入过大的盆内，因为盆过大给管理带来不便，浇水量不易掌握，常会造成缺水或积水现象，不利花卉的生长。②根据花卉种类确定换盆的时间和次数，过早、过晚对花卉生长发育均不利。当发现有根自排水孔伸出或自边缘向上生长时，说明需要换盆了。多年生盆栽花卉换盆于休眠期进行，生长期最好不换盆，一般每年换一次。一、二年生草花随时均可进行，并依生长情况进行多次，每次花盆加大一号。③换盆后应立即浇水，第一次必须浇透，以后浇水不宜过多，尤其是根部修剪较多时，吸水能力减弱，水分过多易使根系腐烂，待新根长出后再逐渐增加灌水量。为减少叶面蒸发，换盆后应放置阴凉处养护 2～3 d，并增加空气湿度，移回阳光下后，应注意保持盆土湿润。

换盆时一只手托住盆将盆倒置，另一只手以拇指通过排水孔下按，土球即可脱落。如花卉生长不良，还可检查原因。遇盆缚现象，用竹签将根散开，同时修剪根系，除去老残冗根，刺激其多发新根。

上盆与换盆的盆土应干湿适度，以捏之成团、触之即散为宜。上足盆土后，沿盆边按实，以防灌水后下漏。

（三）灌水与施肥

水肥管理是盆栽花卉十分重要的环节，盆花栽培中灌水与施肥经常结合进行，依据花卉不同生育阶段，适时调控水肥量的供给，在生长季节中，相隔 3 ～ 5 d，水中加少量肥料混合施用，效果亦佳。

1. 灌水

盆栽花卉测土湿的方法，是用食指按压盆土，如下陷 1 cm 说明盆土湿度是适宜的。搬动一下花盆如已变轻，或是用木棒轻敲盆边声音清脆等说明需要灌水了。根据盆栽花卉自身的生物学特性，对不同的花卉应采用不同的浇水方法。将灌溉水直接送入盆内，使根系最先接触和吸收水分，是盆花最长用的浇水方法。盆栽花卉常用的浇水方法为浸盆法、洒水法、喷雾法。

【浸盆法】

多用于播种育苗与移栽上盆期。先将盆坐入水中，让水沿盆底孔慢慢地由下而上渗入，直到盆土表面见湿时，再将盆由水中取出。这种方法既能使土壤吸收充足水分，又能防止盆土表层发生板结，也不会因直接浇水而将种子、幼苗冲出。此法可视天气或土壤情况每隔 2 ～ 3 d 进行一次。

【喷水法】

喷水法洒水均匀，容易控制水量，能够按照花卉的实际需要有计划给水。用喷壶洒水第一次要浇足，看到盆底孔有水渗出为止。喷水不仅可以降低温度，提高空气相对湿度，还可以清洗叶面上的尘埃，提高植株的光和效率。

【喷雾法】

是利用细孔喷壶使水滴变成雾状喷洒在叶面上的方法。这种方法有利于空气湿度的提高，又可清洗叶面上的粉尘，还能防暑降温，对一些扦插苗、新上盆的花卉或树桩都是行之有效的浇水方法。全光自动喷雾技术是大规模育苗给水的重要方式。

盆栽花卉还可以进行一些其它的水分管理方式，如找水、扣水、压清水、放水等。找水是补充浇水，即对个别缺水的花卉单独补浇，不受正常浇水时间和次数的限制。放水是指生长旺季结合追肥加大浇水量，以满足枝叶生长的需要。扣水即在花卉植株生育期某一阶段暂停浇水，进行干旱锻炼或适当减少浇水次数和浇水量，如苗期的"蹲苗"，在根系修剪伤口尚未愈合、花芽分化阶段及入温室前后常采用。压清水是在盆栽花卉植株施肥后的浇水，要求水量大且必须浇透，因为只有量大浇透才能使局部过浓的土壤溶液得到稀释，肥分才能够均匀地分布在土壤中，不致因局部肥料过浓而出现"烧根"现象。

根据花卉种类及不同生育阶段确定浇水次数、浇水时间和浇水量。草本花卉本身含水量大、蒸腾强度也大，所以盆土应经常保持湿润（但也应有干湿的区别），而木本花卉则可掌握干透浇透的原则。蕨类、天南星科、秋海棠类等喜湿花卉要保持较高的空气湿度，多浆植物等旱生花卉要少浇。进入休眠期时，浇水量应依据花卉种类不同而减少或停止，解除休眠进入生长期，浇水量逐渐增加。生长旺盛时期要多浇，开花前和结实期少浇，盛花期适当多浇。有些花卉对水分特别敏感，若浇水不慎会影响生长和开花，甚至导致死亡。如大岩桐、蒲包花、秋海棠的叶片淋水后容易腐烂；仙客来球茎顶部叶芽、非洲菊的花芽等淋水会腐烂而枯萎；兰科花卉、牡丹等分株后，如遇大水也会腐烂。因此，对浇水有特殊要求的种类应和其他花卉分开摆放，以便浇水时区别对待。

不同栽培容器和培养土对水分的需求不同。素烧瓦盆通过蒸发丧失的水分比花卉消耗的多，因此浇水要多些。塑料盆保水力强，一般供给素烧瓦盆水量的1/3就足够了。疏松土壤多浇，黏重土壤少浇。一般腐叶土和沙土适当配合的培养土，保水和通气性能都好，有利于花卉生长。以草炭土为主的培养土，因干燥后不易吸水，所以必须在干透前浇水。

灌水时期。夏季以清晨和傍晚浇水为宜，冬季以10：00以后为宜，因为土壤温度直接影响根系的吸水。因此，浇水的温度应于空气的温度和土壤温度相适应，如果土温较高、水温过低，就会影响根系的吸水而使植株萎蔫。

灌水的原则应为不干不浇，干是指盆土含水量达到再不浇水植株就濒临萎蔫的程度。浇水要浇透，如遇土壤过干应间隔10 min分次数灌水，或以浸盆法灌水。为了救活极端缺水的花卉，常将盆花移至阴凉处，先灌少量的水，后逐渐增加，待其恢复生机后再行大量灌水，有时为了抑制花卉的生长，当出现萎蔫时再灌水，这样反复处理数次，破坏其生长点，以促其形成枝矮花繁的观赏效果。

花卉浇水需要掌握气温高、风大多浇水，阴天、天气凉爽少浇水；生长期多浇水，开花期少浇水，防止花朵过早凋谢。此外冬季少浇水，避免把花冻死或浸死。

盆栽花卉对水质的要求。盆栽花卉的根系生长局限在一定的空间，因此对水质的要求比露地花卉高。灌水最好是天然降水，其次是江、河、湖水。以井水浇花应特别注意水质，如含盐量较高，尤其是给喜酸性花卉灌水时，应先将水软化处理。无论是井水或含氯的自来水，均应于贮水池经 24 h 之后再用，灌水之前，应该测定水分的 pH 值和 EC 值，根据花卉的需求特性分别进行调整。

2. 施肥

盆栽花卉生活在有限的基质中，因此所需要的营养物质要不断补充。施肥分基肥和追肥，常用基肥主要有饼肥、牛粪、鸡粪等，基肥施入量不要超过盆土总量的 20 %，与培养土混合均匀施入，可放于盆底或盆土四周。追肥以薄肥勤施为原则，通常以沤制好的饼肥、油渣为主，也可以用化肥或微量元素追施或叶面喷施。叶面追肥时有机液肥的浓度不超过 5 %，化肥浓度一般不超 0.3 %，微量元素浓度不超 0.05 %。根外追肥不要在低温时进行，应在中午前后喷洒。叶子的气孔是背面多于正面，背面吸肥力强，所以喷肥应多在叶背面进行。同时应注意液肥的浓度要控制在较低的范围内。温室或大棚栽培花卉时，还可增施二氧化碳气体，光合作用的效率在二氧化碳含量由 0.03 % ～ 0.3 % 的范围内随浓度增加而提高。

温暖的生长季节，施肥次数多些，天气寒冷而室温不高时可以少施。较高温度的温室，植株生长旺盛，施肥次数可多些。与露地花卉相同，盆栽花卉施肥同样需要了解不同种类花卉的养分含量、需肥特性以及需要的营养元素之间的比例。

盆栽施肥的注意事项：应根据不同种类、观赏目的、不同的生长发育时期灵活掌握。苗期主要是营养生长，需要氮肥较多；花芽分化和孕蕾阶段需要较多的磷肥和钾肥。观叶花卉不能缺氮，观茎花卉不能缺钾，观花和观果花卉不能缺磷。肥料应多种配合施用，避免发生缺素症。有机肥应充分腐熟，以免产生热和有害气体伤苗。肥料浓度不能太高，以少量多次为原则，基肥与培养土的比例不要超过 1 ：4。无机肥料的酸碱度和 EC 值要适合花卉的要求。

控释肥是近年来发展起来的一种新型肥料，指通过各种机制措施预先设定肥料在作物生长季节的释放模式（释放期和释放量），使养分释放规律与作物养分吸收同步，从而达到提高肥效目的的一类肥料。它是将多种化学肥料按一定配方混匀加工，制成小颗粒，在其表面包被一层特殊的由树脂、塑料等材料制成的包衣，能够在整个生长季节，甚至几个生长季节慢慢地释放植物养分的肥料。目前，控释肥已在全球广泛应用于园艺生产。其优点是有效成分均匀释放，肥效期长，并可通过包衣厚度控制肥料的释放量和有效释放期。控释肥克服了普通化肥溶解过快，持续时间短、易淋失等缺点。在施用时，将肥料与土壤或基质混合后，定期施入，可节省化肥用量 40 % ～ 60 %。

控释肥在花卉上的应用虽然能有效地解决氮、磷、钾淋失的问题，并且能在一定程度上促进花卉的生长、改善花卉的品质，但是具体在某些种或品种的应用上仍然存在一些问题。因此，还应针对花卉的营养特性，研究花卉专用的控释肥，达到肥效释放曲线与花卉的营养吸收曲线相一致。

（四）整形与修剪

花卉通过合理的整形与修剪，可以使植株造型优美整齐，层次分明，高低适中，枝叶稀密调配适当，从而提高花卉的观赏价值。不仅如此，通过及时剪去不必要的枝条，可以节省养分，调整树姿，改善通风透光条件，促使花卉提早开花和健壮生长。

1. 整形

【丛生形】

生长期间多次进行摘心，促使萌发多数枝条，使植株成低矮丛生状。如矮牵牛、一串红、波斯菊、金鱼草、美女樱、半支莲及百日草等。

【单干形】

保留主干，疏除侧枝，并摘除全部侧蕾，使养分向顶蕾集中。如独本菊等。

【多干形】

留主枝数个，能开出较多的花。如菊花留 3、5、9 枝，大丽花留 2 ～ 4 枝，其余侧枝去除（图 4-21）。

2. 整枝

整枝的形式多种多样，可以分为两种。在确定整枝形式前，必须对花卉的特性有充分的了解，枝条纤细且柔韧性好，可整成镜面形、牌坊形、圆盘形或 S 形等，如常春藤、叶子花、藤本天竺葵、文竹、令箭荷花、结香等。枝条较硬的花卉，宜做成云片形或各种动物造型，如蜡梅、一品红等。整形的花卉应随时修剪，以保持其优美的形态（图 4-22）。

【自然式】

着重保持花卉自然姿态，仅对交叉、重叠、丛生、徒长枝条加以控制，使其更加完美。

【规则式】

依人们的喜爱和情趣，利用花卉的生长习性，经修剪整形做成各种形态，达到寓于自然高于自然的艺术境界。

图 4-21　整形

图 4-22　整枝

3. 摘心

是指将植株主枝和侧枝上的顶芽摘除。目的是抑制主枝生长，促使多发侧枝，并使植株矮化、粗壮、株型丰满，增加着花部位和数量，摘心还能推迟花期，或促使其再次开花。需要进行摘心的花卉有：一串红、百日草、翠菊、金鱼草、矮牵牛、倒挂金钟、天竺葵等（图 4-23）。

图 4-23　摘心

4. 抹芽

是指剥去过多的腋芽或挖掉脚芽。如菊花，牡丹等。目的是限制枝数的增加或过多花朵的发生，使营养相对集中，花朵充实（图 4-24）。

5. 折枝捻梢

折枝是将新梢折曲而不断。捻梢是指将梢捻转。折枝和捻梢均可抑制新梢徒长，促进花芽分化。牵牛、茑萝等用此方法修剪（图 4-25）。

图 4-24 抹芽

图 4-25 折枝

6. 曲枝

为使枝条生长均衡，将生长势过旺的枝条向侧方压曲，将长势弱的枝条顺直。如大丽花、一品红等。

7. 剥蕾

剥去侧蕾和副蕾。目的是使营养集中主蕾开花，保证花朵质量。如芍药、牡丹、菊花等。

8. 摘叶

是指在植株生长过程中，适当剪除部分叶片。目的是为了促进新陈代谢，促进新芽萌发，减少水分蒸腾，是植株整齐美观。夏、秋之间，红枫、鸡爪槭、石榴等剪掉老叶，使其促发新叶更为清新艳丽，但须在摘叶前施以肥水。

9. 剪除残花

对不需要结种子的花卉，像杜鹃、月季、朱顶红等，花开过后及时摘掉残花，剪除花葶。目的是节省养分，促使花芽分化。

10. 剪根

露地落叶花木移栽前，将损伤根、衰老根和死根全部剪除。盆栽花卉换盆时也应将多余的和卷曲的根适当进行疏剪。目的是促使萌发更多的须根。

11. 修枝

剪除枯枝、病弱枝、交叉枝、过密枝、徒长枝等。分重剪和轻剪。重剪是将枝条由基部剪除或剪去枝条的 2/3 部分，轻剪是将枝条剪去 1/3 部分。目的是通过修枝，分散枝条营养，促使产生多量中短枝条，使其在入冬前充分木质化，形成充实饱满的腋芽和花芽。冬季休眠期时用重剪方法较多，生长期的修剪用轻剪方法较多。

12. 绑扎与支架

盆栽花卉中的茎枝纤细柔长，有的为攀援植物，有的为了整齐美观，有的为了做成扎景，常设立支架或支柱，同时进行绑扎。花枝细长的小苍兰、百合、菊花、香石竹等常设立支柱或支撑网。攀援性植物如香豌豆、球兰等常扎成屏风形或圆球形支架，使枝条盘曲其上，以利通风透光和便于观赏。我国传统名花菊花，盆栽中常设立支架或制成扎景，形式多样，引人入胜。支架常用的材料有竹类、芦苇及紫穗槐等。绑扎经常用棕丝或其他具有韧性又耐腐烂的材料（图 4-26）。

图 4-26　花卉支架

花卉的修剪时间，因品种和栽培目的不同而异，一般分为生长期修剪和休眠期修剪两种。生长期修剪多在花木生长季节或开花以后进行，通常以摘心、抹芽、摘叶的方式剪除徒长枝、病枝、枯枝、花梗等。休眠期修剪宜在早春树液刚开始流动，芽即将萌动时进行。修剪过早，伤口难以愈合，芽萌发后遇寒流新梢易遭冻害；修剪太迟，新梢已长出，浪费了大量营养。休眠期修剪常用于木本花卉或宿根花卉。

不同的花卉其习性各不相同，开花时间也不一样，修剪时间要根据其习性灵活掌握。如海棠、丁香、蜡梅等植物，它们的花芽着生在一年生枝条上，因而不宜在冬季修剪，只能等到开花之后再进行短截，促使其侧芽萌发成新梢，而对在当年生枝上开花的茉莉、夜来香、扶桑、一品红等花卉，可以在其生长期多次进行摘心，促进其多发新梢并多次开花。对不起作用的萌蘖枝、徒长枝等随时剪去。在当年生枝条上开花的月季、石榴、扶桑、茉莉、金橘等植物可以重剪，以利于养分充分供应到果枝上，促进多开花、多挂果。而早春开花的迎春、梅花、杜鹃等植物，其花芽是在头一年的枝条上形成的，早春发芽前不能修剪，以免影响开花挂果，应在开花后 1 ～ 2 周内进行修剪，促使萌发新梢，又可形成来年的新枝。

三、设施栽培

在栽培管理中采用适当的技术措施，保证花卉发育健壮，营养充实，是支持花卉长途运输和瓶插寿命的基础，花卉生产大多是在栽培设施中进行于的，要保证花卉周年供应更离不开设施栽培。

（一）土壤准备

1. 土壤消毒

在设施中栽培花卉，因病虫害的易传播性，土壤消毒尤显重要。国外常采用蒸汽消毒其优点是消毒彻底，时间短，温度下降后即可种植；对附近植物无害，无残留物，能促进难溶性盐类溶解，使土壤理化性质得以改善。但蒸汽消毒设施一次性投入成本较高，国内很少采用，目前仍以药剂消毒为主。

2. 选地与整地

【选地】

切花栽培用地要求阳光充足，土质疏松肥沃，排水良好，圃地周围无污染源水源方便，水质清洁，空气流通。因此，种植前需先了解土壤结构、肥力状况、酸碱度、盐分含量等，并根据土壤的实际情况，结合整地进行土壤改良。如黏土可用砻糠灰、河沙、煤渣、锯末、菇渣等加以改良，并挖深沟排水；沙土需施用各类畜禽肥、腐叶土或有机堆肥后方可使用；一般切花种类要求土壤电导率为 0.5 ～ 1.5 mS/cm，若高于 2.5 mS/cm，则有盐分过高之危险，应对土壤进行灌溉或淋溶，降低土壤盐分后再行种植。

【整地】

整地应在土壤湿度适宜时进行，常选择在倒茬后、定植前进行。通常先进行翻耕，同时清除碎石瓦片、残根断株，再翻入腐熟的有机肥料或土壤改良物，翻匀后细碎靶平。翻耕深度依切花种类不同而定。一、二年生草花因根系较浅，翻耕深度 20 ～ 25 cm；宿根类切花和球根类切花一般在 30 ～ 40 cm；木本切花因根系强大，需深翻或挖穴种植，深度至少在 40 ～ 50 cm。

（二）起苗与定植

1. 起苗

起苗是将花苗从苗床中取出。起苗时间依切花种类不同，总的要求是越早、苗越小，越省工，缓苗比较容易，成活率也高。但苗太小适应外界环境的能力弱，管理比较困难，所以新发根长到 $2 \sim 3$ cm、新长的心叶有 $1 \sim 2$ 片时起苗最合适。起苗前一天通常浇水使土壤湿润，起苗当天不应再浇水，起苗时应进行遮阴，根部带基质或护心土以充分保湿。幼苗质量应以根系发育是否良好为首要因素，购苗时还应特别检查苗根基部，观察是否有真菌为害，如不能有斑点、水渍状部位等。

2. 定植

定植是指小苗最后一次移植在固定地方，之后不再移动。通常切花栽培以密植为主，并注重浅植。株行距大小依据不同切花植物后期的生长特性、剪花要求决定，如月季 $9 \sim 12$ 株 /m^2，香石竹 $36 \sim 42$ 株 /m^2 等。定植不宜过深，否则抽芽发根慢。定植后的第三次浇水以刚浇透为宜，浇水太多易使土层内含氧量减少，不利于发新根。为使土壤吸足口分 通常可在定植前 $1 \sim 2$ d 将土壤浇一次透水，小苗定植后，用细水流轻轻浇灌即可。

（三）灌溉与施肥

1. 灌溉

水分管理是一项经常性的工作，在很大程度上决定了切花栽培的成败。浇水看似简单，其实技术性强，需要不断摸索、积累经验。

【水质要求】

水质以清澈的活水为上，如河水、湖水、池水、雨水，避免用死水或含矿物质较多的硬水如井水等。若使用自来水，应注意当地的自来水水质，如酸碱度、含盐量等，并在水池中预置，让氟、氯离子及其他重金属离子等有害物质充分挥发、沉淀后再使用。

【根据不同切花植物的特性浇水】

掌握不同切花植物的需水特性，有针对性地浇水，才能取得好的效果。如花谚中有"干兰湿菊"，说明兰花这种阴生植物需较高的空气湿度，但根际的土壤湿度又不宜太大；而菊花则喜阳，不耐干旱，要求土壤湿润，但又不能过于潮湿、积水。一般说来，大叶、圆叶植株的叶面蒸腾强度较大，需水量较多；面针叶、狭叶毛叶或蜡质叶等叶表面不易失水的花卉种类需水较少。

【根据不同生育期浇水】

同一种切花植物在各个不同的生长发育阶段对水分的需求量是不同的。通常而言，幼苗期根系较浅，虽然代谢旺盛，但不宜浇水过多，只能少量多次植株恢复正常营养生长后，生长量大，应增大浇水量；进入开花期后，因根系深，生长量小，应控制水分以利提早开花和提高切花品质。

【根据不同季节、土质浇水】

就全年来说，春、秋两季少浇，夏季多浇，冬季浇水最少，但在大棚栽培中，冬季双层薄膜覆盖下湿度很大，往往给人一种错觉，认为不必浇水。其实只是土壤表层湿润，而中下层比较干，单靠薄膜内汽化形成的雾滴水无法满足根系的需水量，所以也需要适当浇水。

【浇水时间】

夏季以早、晚浇水为好，秋冬则可在近中午时浇灌。原则就是使水温与土温相近，若水温与土温的温差较大，会影响植株的根系活动，甚至伤根。

2. 施肥

土壤在栽培过程中需不断进行培肥。特别是对那些肥力水平不高、不适宜切花植物生长发育的土壤更要进行改良培肥，使水、肥、气、热条件都适应花卉植物高产、优质的需要。对设施栽培的土壤要特别注意加强培肥，以防土壤发生退化，生产实践上采取以下措施进行培肥。

【保护性耕作】

种植其他农作物的大田改种切花时，对土壤进行保护性耕作，少耕浅耕轮作换茬，增加土壤中有机物的积累，涵养水分，提高微生物活动能力，以释放更多的土壤养分，满足花卉生长发育的需要。

【增施有机肥】

有机肥料分解慢，肥效长，有利于改良土壤结构，故多用于基肥，也可用部分无机肥料与有机肥料混合作基肥使用，特别是那些易被土壤固定失效的无机肥如过磷酸钙等，与有机肥料混用效果很好。在用有机肥作基肥时，必须是腐熟的，因为有机肥在发酵和分解时会释放大量的热，容易伤根，而且未经发酵腐熟的有机肥其养分难以吸收，且要求更多的有机肥料作基肥，有机肥料可以结合整地均匀地施入耕作层。常用的有机肥包括厩肥、堆肥、豆饼、骨粉、畜禽粪、人粪尿等。

【种植绿肥】

豆科植物具有固氮作用，采摘可食部分后将其茎秆还田，尤其是将豌豆绿豆、蚕豆、田菁等鲜嫩茎叶压青，可增加土壤有机质和氮素含量。种植夏季绿肥作物，生长快，产量高，对土壤适应性强，耐盐、耐涝、耐瘠，便于管理，根瘤多，固氮能力强，能活化、富集土壤中的磷、钾养分，同时田获得大量蛋白质和有机物质，是改土培肥的理想途径。种植前后土壤样品分析结果表明，培肥效果明显。

【合理施用化肥】

化肥即无机肥，其特点是含量高、养分单一，多为无机盐类，易溶于水，便于植物吸收，肥效快，同时也易流失，一般多用于追肥。施肥前必须了解各种化肥的性质及各种花卉吸收养分的特性，合理施用，如磷肥的施用，应根据土壤酸碱性选用不同的磷肥品种，在酸性、微酸性土壤中施用钙镁磷肥、磷矿粉等碱性肥料，既可增加有效磷，又可中和土壤的酸性，还增加了土壤中的钙、镁元素；而在石灰性土壤中宜选施过磷酸钙重过磷酸钙等磷肥，不仅提高磷的有效性，还可用过磷酸钙来改良盐碱土壤，常料还有尿素、硫酸铵、硝酸钾、碳酸氢铵、磷酸二氢钾、硫酸亚铁等。

【根外追肥】

根外追肥一般采用叶面喷施肥料，以花元素时施用最宜。喷施的时间，以清晨、傍晚或阴雨时最适。喷施浓度不能过高，一般掌握在 0.1% ～ 0.2%。施肥量及用肥种类依据切花生育期不同而有差异。幼苗生长期、茎叶发育期多施氮肥，能促进营养器官的发育；孕蕾期、开花期则应多施磷、钾肥，以促进开花和延长开花期。通常生长季节每隔 7 ～ 10 d 施一次肥。

（四）中耕除草

中耕除草的作用是疏松表土，通过切断土壤毛细管，减少水分蒸发，来提高土温，使土壤内空气流通，促进有机质分解，为切花生长和养分吸收创造良好的条件。中耕同时可以除去杂草，但除草不能代替中耕，因此在雨后或灌溉之后，即使没有杂草也要进行中耕。幼苗期中耕应浅，随着苗的生长而逐渐加深。株、行中间处中耕应深，近植株处应浅。

除草一般结合中耕进行，在花苗栽植初期，特别是在植株郁闭之前将其除尽。可用地膜覆盖防除杂草，尤以黑膜效果最佳。目前除人工方法外，还可使用除草剂，但浓度一定要严格掌握。如采用 2，4-D 0.5% ～ 1.0% 稀释液，可消灭双子叶杂草。

（五）整形修剪与设架拉网

整形修剪是切花生产过程中技术性很强的工作，包括摘心、除芽、除蕾、修剪枝条等。通过整枝可以控制植株的高度，增加分枝数以提高着花率；或除去多余的枝叶，减少其对养分的消耗；也可作为控制花期或使植株二次开花的技术措施。整枝不能孤立进行，必须根据植株的长势与肥水等其他管理措施相配合，才能达到目的。

1. 摘心

摘心是指摘除枝梢顶芽，能促使植株的侧芽形成，开花数增多，并能抑制枝条生长，促使植株矮化，还可延长花期。如香石竹每摘一次心，花期延长 30 d 左右，每分枝可增加 3 ～ 4 个开花枝。

2. 摘芽

摘芽的目的是除去过多的腋芽，以限制枝条增加和过多花蕾发生，可使主茎粗壮挺直，花朵大而美丽。

3. 剥蕾

剥蕾通常是摘除侧蕾、保留主蕾（顶蕾），或除去过早发生的花蕾和过多的花蕾。

4. 修枝

修枝是剪除枯枝、病虫害枝、位置不正易扰乱株形的枝、开花后的残枝，改进通风透光条件，并减少养分消耗，提高开花质量。

5. 剥叶

剥叶是经常剥去老叶、病叶及多余叶片，可协调植株营养生长与生殖生长的关系，有利于提高开花率和切花品质。

6. 支缚

支缚是用网、竹竿等物支缚住切花植株，保证切花茎秆挺直不弯曲、不倒伏。例如香石竹、菊花生产上常用尼龙网作为支撑物。

（六）常见花卉设施栽培管理技术

1. 郁金香设施栽培

郁金香（*Tulipa gesneriana*）百合科，郁金香属（图 4-27）。多年生草本，鳞茎扁圆锥形，具棕褐色皮膜。花单生茎顶，大型直立，有杯形、碗形、百合花形、重瓣等，花色丰富，有白、粉、红、紫、黄、橙、黑色、洒金、浅蓝等，有单色也有复色。自然花期 3 ～ 5 月。郁金香栽培历史悠久，品种繁多，达 8 000 余个。由于品种非常多，至今国际上尚未制定出统一的分类系统。

图 4-27　设施栽培郁金香

郁金香原产地中海沿岸及中亚细亚、伊朗、土耳其、前苏联南部以及我国的西藏、新疆等地。喜冬季温暖湿润、夏季凉爽稍干燥、向阳或半阴的环境，耐寒性强，冬季可耐 -35 ℃的低温，冬季最低温度为 8 ℃时即可生长，故适应性较广。喜欢富含腐殖质、肥沃而排水良好的沙质壤土。

【生长发育过程】

郁金香的球根秋末开始萌发，早春开花，初夏开始进入休眠。种植后根系首先伸长，其生长适宜温度为 9 ～ 13 ℃，5 ℃以下伸长几乎停止。种植后出现第一次生长高峰，次年年初为第二次高峰，但全部伸长量的 60% ～ 70% 则在当年内进行。开花前三周为茎叶生长旺盛时期，最适宜温度 15 ～ 18 ℃，至开花期茎叶停止生长。

休眠期进行花芽分化，分化适温以 20 ～ 23 ℃为宜。鳞茎寿命 1 年，即新老球每年演替一次，母球在当年开花并形成新球及子球，此后便干枯消失。通常一母球能生成 1 ～ 3 个新球及 4 ～ 6 个子球，新球个数因品种及栽培条件而不同，栽培条件优越时，子球数增多。

【繁殖方法】

郁金香通常采用分球繁殖，华东地区常在 9 ～ 10 月栽植，华北地区宜 9 月下旬至 10 月下旬栽植，暖地可延至 10 月末至 11 月初栽植，栽植过早宜因入冬前抽叶而易受冻害，栽植过迟宜因秋冬根系生长不充分而降低了抗寒力。

郁金香属于需要一定时间的低温处理，并在其茎得到充分生长后才能开花的鳞茎植物。我国大部分地区冬季有充足的低温时间，秋天定植的郁金香在自然气候下可获得足够的低温，在春天生长到一定的高度后就自然开花。露地或盆栽郁金香只要种球质量有保证一般都能栽培成功。要使郁金香在春节之前开花，必须给予鳞茎一定的人工低温处理，首先将挖出的鳞茎经过 34 ℃的高温处理 1 周，再置于 20 ℃的温度下贮藏，促使花芽分化发育完成，然后可进入低温处理阶段并进行设施内促成栽培。

【国内促成栽培方法】

我国北方一般在 10 月以后，将干藏的郁金香种球上盆，浇透水后将盆埋放于冷床或阴凉低温处，其上覆盖土壤或各种碎谷糠及草苫，厚度 15 ～ 20 cm，使环境温度稳定在 9 ℃或更低一些，但必须在冰点以上，同时防雨水浸入。经 8 ～ 10 周低温处理，根系充分生长，芽开始萌动。此时根据花期早晚，将花盆移进日光温室，温度保持在 17 ～ 21 ℃，起初温度可低些，约经 3 周以上便可开花。

【荷兰模式化促成栽培技术】

荷兰是郁金香生产王国，郁金香研究和生产水平居世界领先地位，他们利用现代化的生产设施，能够保证郁金香鲜花周年上市。近年来，我国进口的荷兰郁金香种球数量不断增加，占领了我国大部分郁金香种球市场，我国进口的种球主要有 3 种类型，即春季开花的常规种球和促成栽培用的 5 ℃和 9 ℃种球。

【5 ℃郁金香促成栽培技术】

这种方法是干鳞茎在种植前用 5 ℃或 2 ℃的低温充分处理，处理的时间各品种不同，一般需 10 ～ 12 周。随后直接在温室里种植培养，室温开始控制在 9 ℃左右，2 周后升高到 15 ～ 18 ℃，约 8 周左右可以开花。

【9 ℃郁金香促成栽培技术】

有两种情况，一种是未经冷处理的鳞茎直接种在花盆里，然后接受 9 ℃冷处理；另一种是已经接受部分冷处理的鳞茎种植在花盆里，剩余的冷处理至少在 6 周以上。若种植后的一段时间内土温高于所需的温度那么需要延长冷处理的周数。

【促成栽培的注意事项】

郁金香品种间对温度的反应不同，生育期差异很大，生产上要分别对待。郁金香花的质量除与栽培技术有关外，主要与种球的质量和大小直接相关。一般商品种球有 3 种规格，其球茎的周长分别为 10 ～ 11 cm、11 ～ 12 cm 及 12 cm 以上，鳞茎越大，植株生长发育越健壮，花的质量也就越好。栽培期间的空气相对湿度很重要，一般 60% ～ 80% 为宜。土壤含水量不宜过大，以湿润为宜，相对湿度和土壤含水量过大易引起严重的病害。

花盆大小适宜，一般 12 cm 左右的盆栽 1 株，15 ～ 16 cm 盆栽 3 株，18 ～ 20 cm 盆栽 4 ～ 6 株。栽培基质疏松，栽植深度以鳞茎顶芽露出为宜，上面最好盖一层粗沙，以防发根时将鳞茎顶出。基肥一次施足后，促成栽培期间可不施肥。5 ℃处理种球种植时最好将鳞茎皮去掉，9 ℃处理不需去皮。郁金香花蕾着色后，需放置低温处（5 ～ 10 ℃），以延长花期。选择盆栽品种和茎秆较矮的切花品种。郁金香的病害主要有叶斑病、腐烂病、菌核病等，一旦发现有上述病害，应及时拔除病株烧掉。虫害主要是根虱，可用 2 °Bé 的石硫合剂洗涤鳞茎或用二硫化碳熏两昼夜杀除。

2. 月季设施栽培

月季（Rosa hybrida）为蔷薇科蔷薇属花卉，是切花中的主要品种。

【切花月季基本特征】

（1）花型优美，高心卷边或高心翘角，特别是花朵开放 1/3 ～ 1/2 时，优美大方，含而不露，开放过程较慢。

（2）花瓣质地硬，花朵耐水插，外层花瓣整齐，不易出现碎瓣。花枝、花梗硬挺、直顺，支撑力强，且花枝有足够的长度，株型直立。

（3）花色鲜艳、明快、纯正，而且最好带有绒光，在室内灯光下，不发灰，不发暗。

（4）叶片大小适中，叶面平整，要有光泽。

（5）做冬季促成栽培的品种，要有在较低温度下开花的能力，温室栽培有较强抗白粉病的能力，夏季切花要有适应炎热气候的能力。

（6）要有较高的产花量，具有旺盛的生长能力，发芽力强，耐修剪，产花率高。一般大花型（HT系）年产量80～100枝/m²，中花型（FL系）年产量150枝/m²。

【生产类型】

根据设施情况，我国切花月季生产主要有以下3种类型。

（1）周年型适合冬季有加温设备和夏季有降温设备的温室，可以周年产花，但耗能较大，成本较高。

（2）冬季切花型适合冬季有加温设备的温室和南方广东一带的露地塑料大棚生产。此类生产以冬季为主，花期从9月到翌年6月，是目前切花生产的主要类型。

（3）夏季切花型适合长江流域露地生产，北方地区大棚生产。产花期4—11月，生产设施简单，成本低，也是目前常见的栽培类型（图4-28）。

图4-28　设施栽培月季

【主要品种】

花大、有长花茎的各色品种都适于做切花。其中最受欢迎的是红色系的品种，以后逐渐发展的粉红、橙色、黄色、白色及杂色等，常见的各色品种中适于做切花的如下。

（1）红色系：Carl Red，Samantha，Kardibal，Americana 等。

（2）粉红色系：Eiffel Tower，First Love，Somia，Bridal Pink 等。

（3）黄色系：Golden Scepter，Peace，Silva，AlsmeerGold 等。

（4）白色系：White Knight，White Swan，Core Blanche 等。

（5）其他色系：橙色的 Mahina，蓝色的 Blue Moon，杂色的 President 等。

【生长习性及对环境要求】

（1）喜阳光充足、相对湿度 70% ～ 75%、空气流通的环境。

（2）最适宜的生育温度白天为 20 ～ 27 ℃，夜间 15 ～ 22 ℃，在 5 ℃左右也能极缓慢地生长开花，能耐 35 ℃以上的高温，5 ℃的低温即进入休眠或半休眠状态。休眠时植株叶子脱落，不开花。

（3）喜排水良好、肥沃而湿润的疏松土壤，pH 值 6 ～ 7 为宜。

（4）大气污染、烟尘、酸雨、有害气体都会妨碍切花月季的生长发育。

【繁殖】

切花月季繁殖的方法主要有扦插、嫁接与组织培养三种。目前我国保护地切花月季繁殖多以前两种为主。

（1）喷雾扦插法。设施用砖砌成宽 100 ～ 120 cm、长 4 m 或 8 m、深 30 cm 的畦状插床。床间设供水系统，每隔 150 ～ 200 cm 装 1 个喷头。用继电器、电磁阀、电子叶组成自动控制系统。先在床底铺垫 12 ～ 15 cm 的煤渣做渗水层，上面再铺 15 ～ 20 cm 的河沙等基质。时间以 7 ～ 8 月盛夏最好。插穗为生长季节植株尚未木质化的嫩茎。剪去部分枝叶，留上面两片叶，也可再剪去复叶的顶叶以减少水分蒸发，插穗一般长 5 ～ 8 cm，然后密集插于扦插床，进行壮苗培养。

（2）冬季扦插。时间在 10 月下旬至 11 月上旬均可，可结合露地月季冬剪进行。将半木质化和成熟的枝条剪成 3 ～ 4 节一段，上端平剪，下端斜剪，去掉叶片，然后用生根粉 200 mg/L 溶液浸泡插条下端 30 min ～ 1 h。保护地和加温设施可在苗床上铺设电热线（间距 10 cm），电热线上铺 10 cm 黑土与河沙的混合基质，扦插后搭双层塑料薄膜拱棚。营养土配制好后用 1% K_2MnO_4 拌匀消毒。扦插深度为插条长度的一半，株行距 3 cm×3 cm，然后盖单层膜。发芽前管理的关键是增加地温，控制气温，促进生根。白天中午温度高时通风降温，晚上低温时接通电热线加温。使地温在 20 ～ 25 ℃，气温保持在 7 ～ 10 ℃，根据土壤湿度，见干就需浇水。经 20 ～ 30 d 后，扦插条生根发芽，此时关键是稳定地温，防止嫩枝芽受冻。晚间盖双层膜保温，白天盖单层膜，地温维持在 20 ℃左右，气温 10 ℃以上。每 10 d 左右浇一次水，每浇两次水施一次液体肥料，2 月底移栽，也可在温室内进行嫩枝扦插育苗。

（3）温室栽培。由于月季栽植后，要生产 4 ～ 6 年或更长的时间，因此栽前应深翻土壤最少 30 cm，并施入充足的有机肥以改良土壤，调节土壤 pH 值达 6 ～ 6.5。每 100 m² 施入的基肥量为堆肥或猪粪 500 kg，牛粪 300 kg，鱼渣 20 kg，羊粪 300 kg，油渣 10 kg，骨粉 35 kg，过磷酸钙 20 kg，草木灰 25 kg。整好的土壤应用蒸汽或化学药品消毒，以杀死病菌、虫卵、杂草种子等。

【栽植】

（1）定植时间。栽植的时间从冬季到初夏均可，但为了节约能源，多在春季种植。因采收切花 4 年以后需要更换新株，以便维持较高产量，温室若轮番依次换栽，每年应有 25% 需去旧换新。注意更换品种应相同或对管理要求相似。有些品种可生产切花 6 ～ 8 年，可有计划的安排新花更替。

（2）定植方式。为了操作（如修剪、采花）方便，一般采用两行式。即每畦两行，行距 30 cm 或 35 cm，株距依品种差异采用 20 cm、25 cm 和 30 cm，直立型品种（如'玛丽娜'）密度（含通道）10 株 /m^2，扩张型品种密度 6 ～ 8 株 /m^2。

【定植后的管理】

新栽植株要修剪，留 15 cm 高，尤其是折断的、伤残的枝与根应剪掉。栽植芽接口离地面约 5 cm，上面应覆盖 8 cm 腐叶、木屑之类有机物，刚栽下一段时间，一天要喷雾几次，保持地上枝叶湿润，如已入初夏，要不断用低压喷雾，以助发芽；新植的苗室内温度不可太高，以保持 5 ℃为宜，有利于根系生长，过半个月后可升温至 10 ～ 15 ℃，一个月后升至 20 ℃以上，若与原来月季同在一个温室，则按原来月季要求进行温度管理。

（1）修剪。修剪采用逐渐更替法，即第一次采收后，全株留 60 cm 左右，一部分使它再开一次花，一部分短截，等短截的新枝开花后，原来开花的一部分再短截，这样轮流开花，植株不致升高太快，采花的工作也可全年进行。也可以采用一次性短截法即冬季切花型的温室月季，夏季气温过高，往往让植株休眠，6—7 月采收一批切花后，主枝全部短截成一样高的灌木状。如是第一年新栽植株，留 45 cm，其他留 60 cm，以后进入炎热夏季，停产一段，到 9、10 月再生产新的产品。第二种修剪往往使植株生理失去平衡，造成根系萎缩、主枝枯死等现象，在温室管理中可采用折枝法来避免这种不良后果，此法已在国外温室生产中普遍应用。具体操作即把需要剪除的主枝向一个方向扭折，让上部枝条下垂。

（2）摘心。月季的摘心主要起以下作用是促进侧枝生长，在栽培初期可为全株的树形打好基础，产花期可形成适量的花枝。开花后为了调剂市场上淡季或旺季的需要，可进行不同的摘心。轻度摘心（花茎 5 ～ 7 mm 时将顶端掐去）受影响的只是它附近的侧芽，形成的仅是一个枝条，对花期影响不大。重摘心（花茎直径达 10 ～ 13 mm 时，摘掉枝顶到第二复叶处）能生出两个侧枝，对花期的促进比前者早 3 ～ 7 d。

（3）温度的管理和控制。温度直接影响切花的产量和品质。如修剪后出芽的多少、花芽的分化、封顶条的多少、产花的天数、花枝的长度以及花瓣数、花型和花色等。一般品种要求夜温 15.5 ～ 16.5 ℃，而 Somia，'玛丽娜''彭彩'等低温品种只要求 14 ～ 15 ℃，夜温过低是影响产量、延迟花期的一个重要原因，有些栽培者为了节省能源，把夜温调至 13 ℃，结果产量减少，采花期延迟了 1 ～ 3 周，大大影响了经济效益。一般阴天要求昼温比夜间高 5.5 ℃，晴天要高 8.3 ℃，如温室内人工增加二氧化碳的浓度，温度应适当提高到 27.5 ～ 29.5 ℃，才不致损伤花朵。如加钠灯照射的温室，温度应至少在 18.5 ℃以上，以充分利用光照。在夏季高温季节，温度控制在 26 ～ 27 ℃最好。国外研究认为地温在 13 ℃、气温在 17.8 ℃时生长良好。近年来进一步研究证明，在昼温 20 ℃、夜温 16 ℃条件下，生长良好。当地温提高到 25 ℃时可增产 20 %，但若只提高地温，而降低气温，则会生长不良。总之，为了满足月季对温度的要求，应重视设施在冬季的保温和加温，夏季进行必要的降温。

（4）光照的调节。月季是喜光植物，在充足的阳光下，才能得到良好的切花。在温室栽培中，强光伴随着高温，就必须进行遮阴。有些地方 3 月初就开始遮阴，但遮光度要低，避免植株短时间内在光强度上受到骤然变化，随着天气变暖可增强遮阴，若室内光强低于 54 klx，要清除覆盖物上的灰尘，9、10 月（根据各地气候情况而定）应去除遮阴。冬季随日照时间短，而且又有防寒保护，使室内光照减少，但一般月季可照常开花。如果用灯光增加光照，可提高月季的产量。

【切花的采收和处理】

一般当花朵心瓣伸长，有 1 ～ 2 枚外瓣反转时 2° 采收，但冬天可适当晚些，在有 2 ～ 3 枚外瓣反转时采收。从品种上看，一般红色品种 2° 时采收，黄色品种略迟些，白色品种应略晚些。采花应在心瓣伸长 3 ～ 4 枚 3°，甚至 5 ～ 6 枚 4° 时采收，若装箱运输，则应在萼片反转、花瓣开始明显生长、但外瓣尚未翻转 1° 时采收。采收时注意原花枝剪后应保留 2 ～ 4 片叶，剪时在所留芽的上方 1 cm 处倾斜剪除，为下次花枝生长准备条件。采后的切花应立即送到分级室中在 5 ～ 6 ℃下冷藏、分级。不能立即出售的，应放在湿度为 98 % 的冷藏库里，保持 0.5 ～ 1.5 ℃的低温，可保存数日。

第五章 花卉的花期调控

一、花期调控原理及意义

植物开花过程包括花原基形成、花芽分化与发育。花芽分化是有花植物从营养生长向生殖生长转变的结果，是植物从幼年期向成年期转变的标志，这种转变主要同其遗传特性相关。成花年龄是成花前营养生长所需要的时间，不同类型的花卉成花年龄有很大的差异。一、二年生草本花卉的成花年龄很短，一般在几十天以内，多年生花卉的成花年龄多达几年。外界环境条件对开花的影响主要在植物达到成花年龄以后。目前的研究已表明花芽分化与发育主要由植物自身发育信号和环境信号共同起调控作用。温度和光照是目前对开花的调节上研究的最清楚的环境因子，植物生长调节剂也在花期调控中起到作用。

采用人为的措施控制花卉开花时间的技术称为花期调控。使植物的花期较自然花期提前的方式称为促成栽培，使花期比自然花期延后的方式称为抑制栽培。目前花期调控一方面是通过对开花机制的了解，调控成花过程中的外部环境因子来控制开花的时间，另一方面是通过对植物休眠机制的研究，调控影响休眠的内外因素从而调控花期。影响开花和休眠的因素主要有温度、光照和植物生长调节剂。

花期调控主要目的包括以下几个方面：首先花期调控能打破自然花期的限制，根据市场或消费需求来提供花卉产品；其次能丰富不同季节花卉种类，能使鲜切花周年供应，实现花卉的产业化生产，满足特殊节日花卉的供应；再次能使自然花期不在同一时间的亲本同时开花，便于培育新品种；最后将一年一次开花的调控为一年二次开花结实，缩短栽培期，利于花卉种子的生产，也缩短了杂交育种周期。

二、花期调控技术

人们在长期的花卉生产实践中不同的气候、温度、湿度、花卉植物本身的特性提出许多的花期控制的有效方法。花期调控技术受时间、温度、湿度、地理环境、设备等因素的影响。目前花卉生产中主要通过调节栽培管理措施、调节温度、调节光照和施用植物生长调节剂等方式进行花期调控。

（一）园艺措施

1.调节播种期、扦插期及栽植期

【调节播种期】

一、二年生的草本花卉大部分主要以播种繁殖为主。一年生草本花卉一般在

春季播种，根据播种地区的气候条件，可以从 3 月中旬到 7 月上旬陆续在露地播种，其营养生长和开花均在适宜的气候条件下完成。如果想延迟或促进花期，可以根据不同花卉的生长发育规律，计算其在不同气候条件下，自播种到开花所需要的时间，分批分期播种。一般一年生花卉从播种到开花需要 45～90 d 的时间。如万寿菊和百日草从播种到开花时间分别为 100 d 和 80 d 左右，如果希望万寿菊和百日草 9 月下旬至 10 月上旬开花，那么可以在 6 月中旬和 7 月上旬播种万寿菊和百日草。

【调节扦插期】

多年生花卉主要依靠扦插繁殖，可根据不同花卉自扦插至开花所需时间长短及需要花卉日期来确定扦插日期。如香石竹从扦插到开花需要 150 d 左右，欲使香石竹在国庆节开花，可以在 5 月上旬左右进行扦插，给予适宜其生长的环境条件使其按需要的时间开花。

【调节栽植期】

球根花卉的种球一般低温储藏打破其休眠或完成花芽分化后，大部分都是在冷库内贮存。可以根据种球从栽植到开花所需要的时间长短和需花日期来确定其栽植日期。如低温处理完成花芽分化的郁金香种球从栽植到开花需要 120 d 左右，可在预期开花期前 4 个月栽植种球，并给予其生长发育和开花所需要的环境条件使其按时开花。

2. 修剪和摘心

对一年可以进行多次花芽分化的花卉种类如月季、天竺葵、茉莉、菊花等，都可以在开花后进行修剪，使其重新抽出新枝和开花（图 5-1）。摘心一般适用于易分枝的草本花卉，摘心处理可以使植物多发侧枝，促进营养生长，延迟开花，如菊花一般要在开花前摘心 3～4 次，不仅可以控制花期，还可以使植株健壮和花朵繁多。

图 5-1　月季的修剪

3. 抹芽和去蕾

抹掉侧芽可以使养分集中，顶芽更健壮，不仅能促进开花，而且使单花健壮，如向日葵生产中一般采用抹芽处理。反之如抹掉顶芽，就能延迟开花。去除侧蕾可以使养分集中，促进主蕾开花；反之如果去除主蕾，则可推迟开花。大丽花常用去蕾的方法控制花期（图5-2和图5-3）。

图 5-2　向日葵抹芽

图 5-3　大丽花去蕾

4. 水肥调控

花卉只有在适宜的水、肥环境中才能茁壮成长。花卉水肥调控的主要目的是调节营养生长和生殖生长的比例，从而促进和延迟开花。有些木本花卉在干旱条件下会缩短生长周期，在很短的时间内完成开花、结果的整个生长过程。如叶子花在完成营养生长后，停止往花盆里浇水，直到梢顶部的小叶转成红色后再浇水，很快就会开花。开花后少浇水（约3～4 d浇一次，土表湿润即可），才能保持延续不断开花。梅花和榆叶梅等落叶木本花卉，在夏季休眠期进行花芽分化时控水可以促进其花芽分化，从而使开花期提前。

在球根花卉的种球采取低温处理时，一定要控制湿度，湿度过大易感病、提前抽芽；湿度低有利于种球的贮存。种球含水量愈少花芽分化愈早，如郁金香、风信子、百合等种球。

在花期控制阶段，适当施用磷、钾肥、尽量少施或不施氮肥，有利于生殖生长，氮肥过多，影响花芽分化，只是抽梢长叶，而不开花。

（二）温度调节

在日照充足的条件下，温度调节是改变花期极为有效的方式。人为地创造出满足花卉花芽分化、花芽成熟和花蕾发育最适宜的温度，便能达到控制花期的目的。温度调节要注意的问题主要有：每一种花卉都有自己适宜的温度范围，营养生长和生殖生长的适宜温度不同，生殖生长过程中的花芽分化与花芽发育适宜的温度不同，不同时期适宜温度所需持续的时间长短也不同；同种花卉不同品种的感温性也不同；处理温度依品种原产地或当地培育的气候条件而有差异。一般20 ℃以上为高温，15～20 ℃为中温，10 ℃以下为低温；生产上一般采用降温

常见花卉温室高效生产技术

和增温的方法进行调节休眠期、成花诱导与花芽形成期、花茎伸长期来实现花期调控。有条件的地方还可以利用夏季冷凉和昼夜温差大的高海拔山区。

1. **降温处理**

在春季自然气温未回暖前，对处于休眠的植株给予 1～4 ℃的人为低温，可延长休眠期，延迟开花。根据需要开花的日期、植物的种类与当时的气候条件，推算出低温后培养至开花所需的天数，从而来决定停止低温处理的日期。这种方法便于管理，开花质量好，延迟花期时间长，适用范围广，大多数越冬休眠的宿根花卉、木本花卉及球根花卉都可以采用低温处理来完成花芽分化或打破休眠。

二年生花卉和宿根花卉，在生长发育中需要一个低温春化过程才能抽茎开花，如毛地黄、菊花、芍药等。许多越夏休眠的秋植球根花卉的种球，在完成营养生长和形成球根发育过程中，花芽分化阶段已经能够完成，但如果这时把球根从土壤里取出晾干不经低温处理再栽种，种球不开花或开花质量会非常差。大多数此种类型的球根在花芽发育阶段必须经过低温处理，才能保证开花的质量。这种低温处理种球的方法，常称为冷藏处理。在进行低温处理时，必须根据各种类的球根花卉与其处理目的，选择最适低温。杜鹃、紫藤可延迟花期 7 个月以上，而质量不低于春天开的花。某些木本花卉需要经过 0 ℃的人为低温，强迫其通过休眠阶段后，才能开花，如桃花等。很多原产于夏季凉爽地区的花卉，在夏季炎热的地区生长不好，也不能开花。对这些花卉要降低温度，使在 28 ℃以下，这样植株处于继续活跃的生长状态中，就会继续开花，如仙客来、天竺葵等。为延长开花的观赏期，在花蕾形成、绽蕾或初开时，给予较低温度，可获得延迟开花和延长开花期的效果。

利用低温使花卉植株产生休眠的特性，一般 2～4 ℃的低温条件下，大多数的球根花卉的种球可以较为长期贮藏，推迟花期，在需要开花前取出进行促成栽培，即可达到目的。在低温的环境条件下，花卉植物生长变缓慢，延长发育期与花芽成熟过程，也就延迟了花期。

2. **利用热带高海拔山区**

除了球根类花卉的种球要用冷库进行冷藏处理外，在南方的高温地区，可以建立高海拔（800～1 200 m 或以上高度）的花卉生产基地。利用暖地高海拔地区冷凉气候进行花期调控是一种低成本、易操作，能进行大规模批量生产花卉调控花期的最佳方法。高海拔山地气候不仅能提供植物最适的生长发育温度，而且由于其昼夜温差大，从而使花卉的生长速度加快，有利于花芽的分化及花芽成熟，也抑制了病虫害的发生。这种花期调控方式同冷库相比减少了大量的电能消耗，加强了花卉商品的竞争力。

3.增温处理

北方地区冬季由于温度偏低，花卉生长发育缓慢，开花受限，如果提高花卉生长环境温度，促进花卉生长发育，可以提前开花，采取控制温度的方法，可以调控花卉的花芽分化。大多数花卉可通过控制温度，来调控花期。包括露地经过春化的宿根花卉，如石竹、桂竹香、三色堇、雏菊、瓜叶菊等；春季开花的低温温室花卉，如天竺葵、仙客来；南方的喜温花卉，如非洲菊，还有早春经过冬季低温休眠的木本花卉，如桃花、杏花、榆叶梅、牡丹等。

【利用南方冬季温度高的气候优势进行提前开花处理】

通过增温处理可以提前使花卉开花，如牡丹花经过北方地区的冬季低温生长后，转运到南方进行高温处理，可以打破牡丹花植株的休眠，牡丹花提前开花。这就是典型的利用地区性自然温差促使提前开花的处理方法。

【利用温室保温、加温】

北方地区由于秋冬季节和早春时期温度偏低，天气寒冷，可以利用温室进行提高温度，如在温室大棚内增加一层薄膜覆盖进行保温。在遇到连续阴天气温持续下降的极端低温季节，只能利用其它辅助加热的方法进行加温处理，提高温室温度，如：通过暖风炉、电热温床、农用灯、电热风扇进行辅助加温处理。

【采用发电厂热水加温】

有条件的地方，可以利用火力发电厂的水冷却循环系统通过温室内，再循环回电厂，这样可以大大减少能源消耗，降低加温成本，提高花卉产品的竞争力，是一种廉价高值的加温手段。

【利用地热加温】

有地热条件的地方，可以用管道将热水接到温室里，提高温室的温度，既可以增加温室里的湿度，又可以降低成本，提高经济效益。

（三）光照调节

不同的花卉植物对光照强度、光照时间的需求是不同的，同一植物不同生长发育期对光照的需求也是不同的。但影响花卉花期的光照因素主要是光周期，因此生产中多采用调节光照长度来调控花期。

1.短日照处理

在长日照的季节里（一般是夏季），要使长日照花卉延迟开花，需要进行遮光处理；使短日照花卉提前开花也同样需要遮光。长日照花卉的延迟开花和短日照花卉提前开花都需要采取遮光的手段，就是在光照时数达到满足花卉生长时，

126

在日落前开始用黑布或黑色塑料膜将光遮挡住，一直到次日日出后一段时间为止，使它们在花芽分化和花蕾形成过程中人为地满足所需的短日照条件。这样使受处理的花卉植株保持在黑暗中一定的时数。

遮光处理所需要的天数因植物种类不同而有差异，如菊花和一品红在下午5:00至第二天上午8:00，置于黑暗中，一品红经40多天处理即能开花，而菊花经50～70 d才能开花。采用短日照处理的植株一定要生长健壮，处理前停施氮肥，增施磷、钾肥。在日照反应上，植物对光照强弱的感受程度因植物种类而有差异，上部幼嫩的叶片比下部成熟叶片对光照更敏感，因此遮光的时候上部漏光比下部漏光对花芽的发育影响大。

2. 长日照处理

在短日照的季节里（一般是冬季），可以采取人工补光的方法延长光照时间，使长日照花卉提前开花，使短日照花卉延迟开花。长日照处理的方法一般可分为 3 种。

【明期延长法】

即在日落前或日出前开始补光，延长光照 5～6 h。

【暗期中断法】

即半夜用辅助灯光照明 2 h，以中断暗期长度。

【终夜照明法】

即整夜照明，照明的光照强度需要在 100 lx 以上，以阻止花芽分化。如菊花是对光照时数非常敏感的短日照花卉，在 9 月上旬开始用电灯给予光照，在 11 月上、中旬停止人工辅助光照，在春节前菊花即可开放（图 5-4 和图 5-5）。

图 5-4 菊花遮光处理　　　　　　　图 5-5 菊花补光处理

3. 颠倒昼夜处理

有些花卉植物的开花时间在夜晚，给人们的观赏带来很大的不便。例如昙花是在晚上开放，从绽开到凋谢至多 3～4 h。为了白天能使人们欣赏美丽的昙花，可以采取颠倒昼夜的处理方法，使昙花在白天开花。具体的处理方法是：把花蕾

图 5-6 昙花

已长至 6～9 cm 的植株，白天放在暗室中不见光，晚上 7:00 至次日上午 6:00 用 100 W 的强光给予充足的光照，一般经过 4～5 d 的昼夜颠倒处理后，就能够改变昙花夜间开花的习性，使之白天开花，并可以延长开花时间（图 5-6）。

4. 遮光处理

根据花卉对光照的需求不同，可以通过遮光处理进行调控花期。如用遮光的方法可以促进短日照花卉提前开花，抑制长日照花卉延迟开花。如把盛开的比利时杜鹃放到烈日下暴晒几个小时，就会萎蔫；但放在半阴的环境下，每一朵花和整棵植株的开时间均大大延长。牡丹、月季、香石竹等适应较强光照的花卉，开花期适当遮光，也可使每朵花的观赏寿命延长 1～3 d。

5. 光照与温度组合处理

在花卉的促成和抑制栽培中，通过调控温度和光照来打破休眠促进或抑制发芽分化，调整花期。但是有些植物对这两个因子进行合理的组合才可以促进或延迟开花，如秋菊光照处理时，必须给予 15 ℃ 以上的温度，才能完成花芽分化，从而感受光照处理。

6. 长日照处理的光源与强度

照明光源主要有白炽灯、荧光灯、高压汞灯、金属卤化物灯、高压钠灯等，不同种类的花卉植物适用的光源也有差异，如菊花等短日照植物多用白炽灯，主要是因为白炽灯含远红外光比荧光灯的多，锥花丝石竹等长日照植物多用荧光灯来调节光照。不同植物种类照明的有效临界光度也有所不同，如紫苑需在 10 lx 以上，菊花需 50 lx 以上，一品红需 100 lx 以上才有抑制成花的长日效应。50～100 lx 通常是长日照植物诱导成花的光照强度。

（四）应用植物生长调节剂

植物生长调节剂是人工合成或从生物中提取的对植物生长发育有调控作用的化学物质，包括生长素类（IAA）、赤霉素类（GA3）、细胞分裂素类（CTK）、脱落酸（ABA）、乙烯（ETH）、植物生长延缓剂及植物生长抑制剂。虽然植物生长调节剂在植物开花调节上已被试验多年，因其在不同植物作用上的复杂性，生产上的应用效果因植物种类及不同发育时期而异。植物生长调节剂的特点：第一，相同药剂对不同植物种类、施用时期不同而有差异，如赤霉素对花叶万年青有促进成花作用，但抑制菊花的开花；如吲哚乙酸对藜在花芽分化之前使用可以抑制开花，而在花芽分化后使用可以促进开花。第二，不同植物生长调节剂施用方法不同，易被植物叶片吸收的如GA3等可以叶面喷施，易被根系吸收的如多效唑，可以土壤浇灌；打破种子和球根休眠可以用浸泡方法。第三，环境条件对植物生长调节剂施用的效果影响很大，有的药剂在低温或高温下有效果，有的在长日照或短日照条件下才能有作用，土壤湿度和空气湿度也影响药剂的效果。

1. 生长素在花期调控上的应用

生长素类中常用于开花调控的植物生长调节剂主要有 2，4-D，吲哚乙酸（IAA），吲哚丁酸（IBA）及萘乙酸（NAA）。为增加郁金香花茎高度，在通过低温期后可以用 IAA 或 NAA 喷施植株。用 IBA 喷施落地生根可以延长花期 2 周。秋菊在花芽分化前，用 NAA 处理 50 d，可以使花期延迟两周左右（图 5-7 和图 5-8）。

2. 赤霉素在花期调控上的应用

【打破休眠】

很多种类花卉可以应用赤霉素来打破休眠从而促进开花。球根花卉如蛇鞭菊块茎在夏末初休眠期用 GA3 处理，打破休眠，储藏后分期种植可以分批开花。宿根花卉如桔梗在初休眠期用 GA3 处理，打破休眠，提高发芽率，可以促进开花。宿根花卉如芍药等和木本花卉杜鹃等一般秋季进入休眠，5 ～ 10 ℃低温能解除休眠，GA3 的应用能减少低温处理时间来接触休眠从而促进开花（图 5-9）。

图 5-7　IAA　　　　图 5-8　NAA　　　　图 5-9　GA3

【代替低温促进开花】

夏季休眠的球根花卉如百合和郁金香等，花芽形成后需要低温使花茎伸长才能开花。将冷藏过的种球种植后待株高达 7 ～ 10 cm 时赤霉素处理叶丛，可以代替低温促使花茎伸长。小苍兰球茎需要经过低温后才能伸长开花。未经低温处理的小苍兰球茎用 GA3 浸泡处理，然后冷藏 35 d 后种植，GA3 处理过的比未处理过的种球能提早三周开花。

【促进花芽分化】

对一些需要低温才能完成春化作用的二年生或宿根花卉可以用赤霉素处理来促进花芽分化。如 9 月下旬起用 GA3 处理紫罗兰、秋菊 2 ～ 3 次，则可以代替低温作用来促进花芽分化。

【促进茎秆伸长】

鲜切花栽培中促使花茎达到一定的商品高度时可以在营养生长期喷施 GA3 来促进茎秆伸长，如月季、金鱼草、菊花等。标准菊切花生产中可在栽种后 1 ~ 3 周内喷施赤霉素，重复 3 次，隔周进行，从而使花茎达到足够高度。对于多花型的切花小菊，可以在短日照诱导开始后用赤霉素喷施花梗部位从而促进小花朵有较长的花梗。

一般赤霉素的使用浓度都是低浓度，一般在 0.005% ~ 0.01%。不同种类的花卉应选择适当的生长发育期才有效果，可以喷施、涂抹或点滴施用，药效时间一般为 2 ~ 3 周。

3. 细胞分裂素在花期调控上的应用

细胞分裂素类中常用于花期调控的有 6-BA。某些宿根花卉经过夏季高温后生长活力下降，在秋季冷凉气温中容易发生莲座化现象而停止生长，需经过低温处理才能恢复生活力。生产中把即将进入莲座化状态的种苗栽植到 15 ℃的长日照条件下，同时喷施 6-BA 300 mg/L 溶液，可以防止植株莲座化，从而保持生活力，提早开花（图 5-10）。

4. 乙烯在花期调控上的应用

夏季休眠的球根花卉花期过后起球时已进入休眠状态，在休眠期中进行花芽分化，可以用乙烯类生长调节剂代替高温打破休眠，从而促进开花。荷兰鸢尾及多花水仙的鳞茎采用乙烯熏气法，可以打破其休眠促进花芽分化。香水仙鳞茎用乙烯气体处理，可以提高鳞茎的开花率。能释放乙烯气体的植物生长调节剂如乙烯利、乙炔、β- 羟乙基肼（BOH）还对凤梨科的植物有促进成花的作用。凤梨科植物营养生长期长，一般需要 2 到 3 年营养生长才能开花。果子蔓属、水塔花属、光萼荷属、彩叶凤梨属等的植物，在 18 ~ 24 月龄时用低于 0.4 % 的浓度的 BOH 浇灌叶丛中心，在 4 ~ 5 周内可以诱导这些植物花芽分化，之后在长日照条件下开花（图 5-11）。

5. 植物生长延缓剂和抑制剂在花期调控上的应用

常用于花期调控的植物生长延缓剂和抑制剂主要有矮壮素（CCC）和丁酰肼（B9）。CCC 叶面喷施可以促进秋海棠、杜鹃和三角梅等植物的花芽分化。CCC 处理还可以使天竺葵开花提前 2 周。在夏季桃树叶面上喷施 B9 可以抑制新梢生长，增加花芽分化数量。用 B9 喷施一年生草花如矮牵牛、波斯菊等可以使其花期提前（图 5-12）。

图 5-10　6-BA　　　　　图 5-11　乙烯利　　　　图 5-12　矮壮素

三、常见花卉花期调控实例

（一）一串红的花期调控

一串红是多年生亚灌木作一年生栽培，主要是播种和扦插繁殖。从播种到开花约 150 d；一串红在适宜的环境条件下，扦插约 3 周便可生根，1 个月后即可上盆，再经过约 2 个月的培养即可开花。一串红的花期调控主要通过分期播种、分期扦插和摘心来完成（图 5-13）。

1. 分期播种

若使一串红在"五一"开花，根据所选品种的生育期，计算最适宜的播种时期，播种后控制适宜的室温温度，"五一"既可将植株栽于花坛，也可以摆盆造型。欲使其在"十一"开花，将一串红于 3—4 月在温室内播种，9 月过后移至室外养护，进行几次摘心，到"十一"即可开花。

2. 分期扦插

通过扦插可以使花卉苗缩短苗期生长时间，提早开花。根据花卉上市时间来安排扦插的日期。如秋季扦插经过冬季温室内生长，到第二年早春开花；在夏季 6—7 月扦插，通过栽培管理，当年生长可以开花。利用扦插繁殖调节花期时，夏季扦插要注意遮阴，冬季扦插室温需保持在 20 ～ 25 ℃，并注意经常保持基质湿润。

3. 摘蕾

有些花卉在生长发育过程可以通过栽培管理方法来调控花期，如通过摘心来调控花期。对一串红进行摘心、摘蕾来调整开花时间。若需"五一"开花，可在 4 月 5 日摘蕾；要求在"七一"开花，可在 6 月 5 日摘蕾；若需"十一"开花，可在 9 月 5 日摘蕾。此外，一串红花后及时剪去残花，不使其结籽，可以减少养分消耗，防止过早衰老，合理浇水、施肥，给予充足的光照和适宜的生育温度，便可四季花开不断。

（二）报春花的花期调控

报春花属于二年生草本花卉，主要是秋季播种繁殖，次年早春开花。报春花在温度低于 10 ℃时，无论长日照或短日照下均可花芽分化，若同时进行短日照处理，便可促进花芽分化，花芽分化后保持 15 ℃左右的温度并进行长日照处理，则可以促进花芽发育，提早开花。在温度 16 ～ 21 ℃时，进行短日照处理，可以促进花芽分化，促使提前开花。当温度升至 30 ℃，不管日照长短，均不花芽分化（图 5-14）。

图 5-13 一串红

图 5-14 报春花

（三）菊花的花期调控

1. 菊花花芽分化的特点

菊花展叶 10 片左右，株高 25 cm 以上，顶部约有 7 片尚未展开的叶时，花芽才开始分化。开花时，株高一般 60 cm 以上，植株有 15 ～ 17 片叶片。花芽完全分化需要 10 ～ 15 d，花芽分化后到开花这一段时间的长短因温度和品种而异，一般为 45 ～ 60 d。不同菊花的花芽分化对温度反应不同。夏菊在夜温 10 ℃左右可以快速形成花芽；夏秋菊的花芽分化适温一般在 15 ℃以上；秋菊和寒菊最低夜温在 15 ℃左右才能进行花芽分化（图 5-15）。

图 5-15 菊花

2. 菊花花期调控技术

【栽培措施】

菊花品种众多，自然花期不同，可在 4 月下旬到 12 月下旬自然开花。可以在不同地区选择适宜栽培的品种，适时种植。如秋菊的自然花期在 9 至 11 月中旬，季节性栽培可以采用不同时期的扦插苗栽植。5 月中旬定植，9 月开花；6 月中旬定植，10 月开花；6 月下旬至 7 月上旬定植，11 月开花。

【光照调控措施】

秋菊和寒菊为典型的短日照花卉。在每天日照时数低于 12 h 条件下，开花良好；高于这个日照时数则不能开花。秋菊和寒菊的花芽分化对光周期非常敏感，花芽分化需连续短日照处理 21 ~ 28 d；而多花型菊花则需要连续短日照处理 42 d，才能促进花芽分化。

（1）长日照延迟开花。用 100 W 的白炽灯，每 10 m² 设 1 盏，吊在植株茎顶 1.5 m 处。一般在摘心后的第 2 周开始处理秋菊约 50 d。每天 23:00 到次日 2:00 补光 2 ~ 3 h，可有效延迟开花。

（2）短日照提前开花。遮光处理主要针对光反应敏感的秋菊和寒菊。正确安排扦插日期，扦插苗生根后即可以栽植。遮光处理的时间从预期开花前 50 d 开始，直到花蕾开始变色止。一天中从 18:00—19:00 时开始用黑布遮光，到第二天上午 8:00—9:00 解除遮光，光照时间控制在 9 ~ 10 h。菊花感受短日照的部位是顶端成熟的叶片，顶部一定要完全黑暗，基部不必要求过严。

3. 菊花定时开花法

【春节开花】

于 8 月剪取嫩枝扦插，9 月中旬温室中定植，摘心后 2 周开始人工补光，12 月初停止补光，菊花在自然短日照条件下进行花芽分化，次年 2 月初即可开花。

【"五一"开花】

10 月下旬至 11 月上旬，在温室中培育栽植扦插苗，摘心后的第二周进行人工补光一直到次年 1 月中旬停止，然后菊花在自然短日照条件下完成花芽分化形成花蕾，于次年 4 月中下旬开花。

【"七一"开花】

1 月中旬到 2 月上旬扦插定植菊花苗，于 4 月下旬至 5 月初进行遮光处理，保证每天光照不超过 10 h，诱导菊花花芽分化，6 月中下旬即可开花。

【"十一"开花】

5 月下旬至 6 月上旬定植菊花苗，于 7 月底进行遮光处理，保证每天光照不超过 10 h，诱导花芽分化，9 月中下旬即可开花。

（四）芍药花期调控

芍药早花品种在 8 月底开始花芽分化，晚花品种则在 9 月中下旬开始花芽分化。大多数品种从 11 月中旬起形成花瓣原基，并停止发育，进入休眠，并以此状态越冬。第二年春天萌芽生长，花芽继续发育，到 4—5 月中下旬开花。芍药的花期调控主要依靠温度来调节花芽分化（图 5-16）。

图 5-16 芍药

1.芍药促成栽培

促成栽培中，于9—10月将3～4年生的健壮植株进行冷藏处理。冷藏室内一般选用埋土冷藏法，即芽子微露在土壤表面即可。人工冷藏植株开始必须在8月下旬或9月下旬花芽分化开始后，只有已开始形态分化的花芽才能有效地接受低温诱导，在人工低温条件下完成花芽分化。冷藏室温度保持在2℃左右。可以根据开花上市时间确定选用芍药品种和冷藏时间。早花品种所需冷藏时间为25～30 d，中晚花品种所需冷藏时间为40～50 d。早花品种于9月上旬选择健壮植株进行冷藏后栽植，在温室中培育，可于60～70 d后开花；晚花品种于10月上旬进行冷藏处理后栽植，可于次年1—2月开花。

2.芍药抑制栽培

抑制栽培中，于早春芍药萌动前将植株挖出，储藏在湿润的0℃冷藏库中以抑制其萌芽。如5月中下旬定植，30～50 d后即可以开花。

（五）百合的花期调控

露地条件百合鳞茎通常是9—11月定植，自然花期4—6月，属于秋植球根。百合开花后鳞茎进入休眠期，经过夏季高温即可打破休眠，在经过低温春化诱导形成花芽。打破休眠及低温春化的温度和时间因品种而不同。打破休眠一般需要20～30℃的温度3～4周，低温春化通常需要0～8℃的温度4～6周。百合花期调控主要是温度控制，打破其休眠和诱导其花芽分化。打破休眠后，花芽分化完成的种球若提供适宜的温度和光照，开花鳞茎种球栽植后60～80 d即可开花（图5-17）。

图 5-17 百合

1. 百合的促成栽培

百合的促成栽培指使百合在 10 月至次年 4 月开花。选择周径 12 ～ 14 cm 的鳞茎，在 13 ～ 15 ℃处理 2 周，在 3 ℃下再处理 4 ～ 5 周，即可打破休眠，完成花芽分化。冷藏时用潮湿的泥炭或木屑等保水的基质包埋种球放置于塑料箱内，并用薄膜包裹保湿。若欲使百合在国庆节左右开花，7 月栽植种球，同时根据其生产地气候调控温室温度，这样可以在 10 月开花。若欲使百合 11 月至元旦前后左右开花，取冷藏种球于 8 月下旬定植，12 月后保温或加温，并提供人工光照。若欲使百合春节前后至次年 4 月左右开花，10—11 月下旬定植冷藏种球，温室内加温补光。

2. 百合的抑制栽培

百合抑制栽培指使百合在 7—9 月开花。3 月将萌芽前的百合种球继续在冷库中低温冷藏，4 月上旬至 5 月上旬定植，可使其在 7—9 月开花。

（六）牡丹的花期调控

牡丹属于落叶木本花卉，植株前三年主要是营养生长，第四年后开始开花，自然花期在 4 月中下旬左右，花芽分化一般在 5 月上中旬开始，9 月初花芽分化完成，10 月中旬后进入落叶期，进入休眠。花期调控的主要措施是依靠人工低温或外源激素等措施打破休眠，从而使其早或晚于自然花期开花（图 5-18）。

图 5-18　牡丹

选用花期调控的牡丹要求 4 ～ 7 年的株龄，2 ～ 3 年枝龄，总枝条数在 5 条以上，15 cm 以上的枝长，并且具备饱满的花芽。将整株牡丹放置于 0 ～ 5 ℃的冷库中 14 ～ 50 d 即可解除休眠，温度越低，所需要解除休眠的时间越短，0 ℃处理 14 d 即可解除休眠。不同的品种需要解除休眠的时间和温度也不同。

在牡丹的花期调控中，因赤霉素可以打破其休眠，所以在牡丹催花实践中广泛应用，以 GA3 500 ～ 1 000 mg/L 处理牡丹植株 3 ～ 4 次，即可打破其休眠，从而促进开花。促成栽培适宜选择易开花，着花率高的早花或中早花品种，如'胡红''朱砂垒''赵粉'等。抑制栽培适宜选择具有活动休眠花芽、半重瓣的晚花或中晚花品种如'脂红''紫绣球''紫重楼'等。

冬季温室内牡丹催花，从萌动生长至开花主要包括 3 个不同的生理时期：早期从萌动至显蕾期约有 15 d 的发育时间，为茎、叶、花蕾的形态建成期，此期间白天应保持 7 ～ 15 ℃，夜间 5 ～ 7 ℃；中期从显蕾至圆蕾期约 20 d，为植株全面生长期，温度白天控制在 15 ～ 20 ℃，夜间 10 ～ 15 ℃；后期从圆蕾至开花过程约有 20 d 时间，白天应为 18 ～ 23 ℃，夜间 15 ～ 20 ℃。牡丹冬季温室催花期间，温度必须逐渐升高，切忌骤然升温或降温。

（七）月季的花期调控

月季属于落叶灌木或藤本，其花芽在一年生枝条上形成，适宜条件下可以多次开花。月季期调控主要通过整形修剪，生长温度的调控和肥水管理来改善（图 5-19）。

图 5-19　月季

1. 整形修剪

修剪可以对月季产花日期、单枝的出花数量和出花等级产生重大影响。一般全年应控制在 18 ～ 25 枝 / 株的产花数量。

月季从发育到开花时间是相对稳定的，但通过修剪，在一定程度上可调整花期。月季从修剪到开花的时间，夏季 40 ～ 50 d，冬季 50 ～ 55 d。修剪的时间主要根据品种的有效积温和特性，并参照设施栽培的保温能力来推算。8 月整枝修剪后，9—10 月开花；10 月中旬修剪，元旦左右开花。1—2 月整枝修剪后，3 月中下旬开始开花。

2. 温度控制

为使开花提前，可于 10 月下旬将植株移入 0 ℃左右的低温室内 30 ～ 40 d，再移入温室。逐步提高室温，当温度达到 12 ～ 14 ℃时，保持恒温。每株月季留 4 ～ 7 个芽，除去多余的芽。现蕾时，便将室温增高至 18 ～ 19 ℃。待花蕾显色后，便移至气温为 12 ～ 15 ℃的露地环境，在 3—4 月开花。如在盛夏将植株移入 20 ～ 25 ℃的冷室，植株便能正常成花与不断开花。

3. 肥水管理

良好的水肥管理，进准的浇水施肥，进行科学管理，也可以调控花期。当植株修剪后，新一代芽不萌发时，用 0.2% 尿素每 5 ～ 6 d 叶面喷肥一次，可促进新芽萌发；如植株生长快，新枝迅速生长，超出计划范围时，控制供水可延缓生长。如新枝现蕾比计划晚，此时用 0.2% 的磷酸二氢钾每 5 ～ 6 d 叶面喷肥一次，花蕾迅速生长，可以使开花提前。

第六章　温室花卉病虫害防治

一、花卉病害防治

（一）防治原则

花卉病虫害防治的基本方针是"预防为主，综合治理"。从生物、生态、经济 3 个要素综合考虑，制定有效的防治措施。

（二）病害发生的特点及规律

1.花卉病害的概念

花卉在整个生长发育过程及栽培管理过程中需要一定的环境条件，如温度、光照、湿度、营养等。当花卉的生长条件不适宜，或是遭受有害生物的浸染，花卉的新陈代谢受到干扰破坏，超过其自身调节适应能力时，就会引起生理机能、组织形态的改变，使花卉的生长发育受到抑制，导致花卉植株叶片变色、弯曲、变态、腐烂，甚至整株死亡的现象，这种现象称为花卉的病害。花卉病害分为侵染性病害和非侵染性病害两大类。

侵染性病害是由生物性因素引起，其特点是在花卉表面或内部存在病原物，如真菌、细菌、病毒等。非侵染性病害是由非生物因素引起的，其特点是不能发现、分离和传染病原物。

2.病害发生与环境

【发生发展过程】

侵染性病害一般有明显的发病中心；非侵染性病害无发病中心，以散发为多。

【与土壤关系】

侵染性病害与土壤类型、特性大多无特殊的关系。非侵染性病害与土壤类型、特性有明显的关系，不同肥力的土壤都可发生，但以瘠薄土壤多发。

【与天气关系】

侵染性病害一般以阴霾多湿的天气多发，群体郁蔽时更甚。非侵染性病害与地上部湿度关系不大，但土壤长期干旱或渍水，可促发某些非侵染性病害。

3.病害侵染特点及其发病规律

病害从前一个生长季节始发病到下一个生长季节再度发病的过程称为侵染循环，又称病害的年份循环。侵染循环主要包括以下 3 个方面。

【病原物的越冬或越夏】

病原物度过寄主植物的休眠期，成为下一个生长季节的侵染来源。

【初侵染和再侵染】

经过越冬或越夏的病原物，病原物从越冬或越夏场所出来，进行第一次侵染称为初侵染，一个生长季节内进行重复侵染为再侵染。只有初侵染，没有再侵染，整个侵染循环仅有一个病程的成为单循环病害；在寄主生长季节中重复侵染多次引起发病，其侵染循环包括多个病程的成为多循环病害。

【病原物的传播】

分为主动传播和被动传播。主动传播的病原物如有鞭毛的细菌或真菌的游动孢子在水中游动传播等，其传播的距离和范围有限；被动传播的病原物靠自然和人为因素传播，如气流传播、水流传播、生物传播和人为传播。

（三）常见病害及其防治技术

1. 瓜叶菊白粉病

【为害症状】

瓜叶菊白粉病主要为害植株叶片，有时也侵染叶柄、花朵、茎部等器官，浸染初期叶片上出现白粉斑点，后期扩大为圆形斑。大小 4～8mm 发病严重时，病斑连接在一起，整个植株出现白粉，最后植株枯黄（图6-1）。

图 6-1　瓜叶菊白粉病症状

【病原物】

发病原为白粉病菌。通过气流传播到植株叶片上浸染，温度在 15～20℃易发病。

【发病规律】

病原菌主要以菌丝体在有病的植株上如病芽、病叶、病枝上越冬。白粉病一般春秋两季发病严重，但在温室内周年均可发生。光照不足，栽植密度大，不通风，氮肥施多后，容易诱发白粉病。

【防治要点】

（1）农业防治。随时作好温室卫生，及时清除病残体，剔除发病植株，避免传染。

（2）化学防治。发病植株及时喷洒药剂防治，药剂可选用 25% 的粉锈宁可湿性粉剂稀释 2 000～2 500 倍液；80% 的代森锌可湿性粉剂稀释 500～600 倍液；50% 苯来特可湿性粉剂稀释 1 000～1 500 倍液；也可喷洒 70% 甲基托布津可湿性粉剂稀释 1 000 倍液，甲基托布津是低毒杀虫剂，具有广谱内吸和治疗作用。

2. 芍药白粉病

【为害症状】

北方地区芍药白粉病多发于植株荫蔽、不通风地方的枝叶先发病，外围枝叶由于通风良好不易发病。叶面常覆满一层白粉状物，后期叶片两面及叶柄、茎秆上都生有污白色霉斑，后期在粉层中散生许多黑色小粒点，即病原菌闭囊壳（图 6-2）。

图 6-2　芍药白粉病症状

【病原物】

病原菌是子囊菌的一种。为害植株后，在发病部位产生病斑，湿度大时，病斑上产生白色粉状物。粉状物可以借助空气进行传播侵染。

【发病规律】

病原菌在受害植株的枝条或病叶上进行越冬。翌年条件适宜时开始萌动，进行侵染危害，可以多次发病。

【防治要点】

（1）农业防治。及时摘除发病枝、芽、叶片，加强水费管理，少施氮肥，多施磷钾肥复合肥，增强抗病力。保证合理的株行距，下雨后及时排出积水，减少湿度。

（2）化学防治。发病始期，用 12.5% 烯唑醇可湿性粉剂 2 000 倍液 20% 三锉酮可湿性粉剂 4 000 倍液、20% 腈菌唑乳油 2 000 倍液、70% 代森锰锌可湿性粉剂 700 倍液喷雾。

3. 仙客来灰霉病

【为害症状】

为害仙客来叶部和花朵。为害叶片从叶缘向内产生褐色发软的病斑，表面有皱褶，逐渐扩散到全叶。为害花朵，初期产生水渍状小斑，逐渐扩大变褐腐烂。为害花梗时，变为褐色软腐，从病部折倒，发病部位病产生灰色霉层（图 6-3）。

图 6-3　仙客来灰霉病症状

【病原物】

灰葡萄孢属半知菌亚门。病原菌的子实体从菌丝或菌核生出。分生孢子梗丛生，灰色，后转褐色，分生孢子卵形。其有性世代富氏葡萄孢盘菌，属子囊菌亚门。

【发病规律】

高温、高湿是灰霉病发病的基本条件，发病适温 20℃ 左右，相对湿度 90% 以上。北方地区冬春季节，温室大棚内温度昼夜温差大，湿度大，发病严重。仙客来灰霉病病菌生活力很强，一般在夏季高温高湿季节发病严重。

【防治要点】

（1）农业防治。加强仙客来栽培管理，控制水肥管理，通风透光，保证健壮的植株，增强抵抗力。如定植时施足底肥，及时疏除下部老叶，浇水及时防风排湿。

（2）化学防治。喷雾可选用 50% 速克灵可湿性粉剂 2 000 倍液；50% 扑海因可湿性粉剂 1 500 倍液；60% 防霉宝超微粉剂 600 倍液；45% 噻菌灵悬浮剂 4 000 倍液，或 50% 农利灵 1 500 倍液。具有封闭条件的大棚和温室，可以试施用 45% 烟雾剂或 10% 速克灵烟雾剂，每 667 m² 施肥 250 g；3% 噻菌灵烟雾剂每 100 m² 施肥 50 g，于傍晚分几处点燃后，封闭大棚或温室过夜。

4. 杜鹃灰霉病

【为害症状】

灰霉病发生于杜鹃的叶和花部。在潮湿不通风情况下易发病，在植株抵抗力下降时易感染发病。感染发病后，杜鹃的花器官容易感染，发病初期，花瓣上出现坏死斑点，扩展很快，并相互连接形成大型病斑。在湿度高的条件下，病部产生大量灰色的分生孢子层（图6-4）。

【病原物】

灰葡萄孢属半知菌亚门。病原菌的子实体从菌丝或菌核生出。分生孢子梗丛生，灰色，后转褐色，分生孢子卵形。其有性世代富氏葡萄孢盘菌，属子囊菌亚门。

【发病规律】

春季高温、高湿的气候条件下容易感染发病。

图6-4　杜鹃花灰霉病症状

【防治要点】

（1）农业防治。应加强栽培管理，注意通风透光，避免湿度过大潮湿，防止冻害，减少病害发生。日常管理中，发现病叶、病花，应及时摘除烧掉，避免二次传染。

（2）化学防治。必要时用50%氯硝胺稀释1 000倍液或用喷克菌稀释800～1 000倍液喷洒防治。

5. 月季灰霉病

【为害症状】

月季灰霉病在发病初期叶缘和叶尖起初为水渍状淡褐色斑点，光滑稍有下陷，发生严重后扩大腐烂。花蕾发病，抑制花蕾开放，严重时花蕾变褐枯死。病斑灰黑色，可阻止花一开放，病蕾变褐枯死。花受侵害时，部分花瓣变褐色皱缩、腐败。在温度湿度适宜时侵染全部植株（图6-5）。

图 6-5　月季灰霉病症状

【病原物】

病原无性态为灰葡萄孢，有性态为富克葡萄孢盘菌。

【发病规律】

以菌丝体或菌核潜伏于发病植株上越冬，第二年产生分生孢子，借风雨传播，从伤口侵入，或从表皮直接侵入为害。温室大棚里栽培月季，由于湿度大温度高，易发病。凋谢的花和花梗不及时摘除时，往往从此类衰败的组织上先发病，然后再传到健康的花和花蕾上。

【防治要点】

（1）农业防治。在月季生长季节，及时摘除或清理发病部位，通过修剪病叶、病枝、病花，减少侵染来源。温室大棚要及时通风，注意通风透光，避免月季徒长，浇水时尽量避免大水漫灌，降低湿度。采收时在晴天上午进行。

（2）化学防治。发病初期可以用杀菌剂进行药剂喷雾防治，可以选择速克灵可湿性粉剂、代森锰锌、扑海因等药剂，要注意交替使用药剂，以防产生抗药性。用 10% 速克灵烟剂 每 $667m^2$ 施 200～250 g，或用 45% 百菌清烟剂，每 $667m^2$ 施 250 g，熏 3～4 h。

6. 君子兰炭疽病

【为害症状】

君子兰炭疽病，最初叶片上产生淡褐色小斑，随着病害的发展，病斑逐渐扩大呈圆形或椭圆形（病斑如发生在叶缘处则呈半圆形）。病部具有轮纹，后期生许多黑色小点粒，在潮湿条件征涌出粉红色黏稠物（图 6-6）。

图 6-6　君子兰炭疽病症状

【病原物】

病原为兰刺盘孢，分生孢子盘垫状，黑褐色；刚毛黑色，具隔膜1至数个。分生孢子梗短细，不分枝；分生孢子圆筒形，单胞，无色。

【发病规律】

在炎热潮湿的季节发病严重。栽培过程中浇水过多、放置过密、施用氮肥过量施用，都容易感染发病。

【防治要点】

（1）农业防治。要注意通风和透光，施用复合肥，尽量控制氮肥的施用，增加磷钾肥的施用量，采用透气透水良好的盆土栽培，降低湿度，增强植株的抵抗能力。

（2）化学防治。发病初期，可以采用化学药剂进行预防，可以用50%的可湿性托布津粉剂加1 000～1 500倍水制成溶液，或用60%的炭疽福美加800～1 000倍水制成溶液，每周喷洒1次，连续3次，能够预防和治疗效果。

7. 茉莉炭疽病

【为害症状】

主要为害叶部。发病初期在从叶尖和叶缘开始，初期黄褐色或浅黄褐色斑点。后期病斑逐渐变为黄白色枯黄大班，发病部位发现黑色小点（分生孢子盘）（图6-7）。

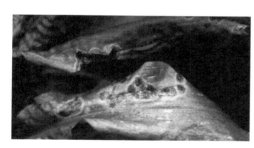

图6-7　茉莉炭疽病症状

【病原物】

病原为胶孢炭疽菌。分生孢子盘黑褐色，刚毛少，具隔膜1～2个，暗褐色。分生孢子梗基部浅褐色，圆筒形。分生孢子圆筒形，单胞，无色。

【发病规律】

病原菌在发病叶片和病梢上越冬。翌年条件适宜的情况下，开始萌发，借助风和雨进行传播，开始侵染。侵染后，发病部位产生病斑，高温高湿下，开始二次侵染传播。

【防治要点】

（1）农业防治。冬季清理田间枯枝落叶和发病叶片和枝条，集中处理。加强栽培管理，合理施肥，注意氮磷钾混合施用。注意栽植密度，增加光照，减少湿度，增强植株的抗虫抗病抵抗力。

（2）化学防治。发病始期可以用杀菌剂进行喷雾处理，如使用65%代森锰锌、75%百菌清可湿性粉剂和5%多菌灵。注意农药的交替使用，防治产生抗药性。

8.兰花炭疽病

【为害症状】

兰花炭疽病发病初期，叶片上出现小的红褐色斑点，病斑逐渐扩大，发病后期严重时，导致叶片枯死，整株不开花，降低观赏价值。新叶、老叶均可发病，老叶先发病，新叶后发病。（图6-8）。

【病原物】

病原为兰刺盘孢，分生孢子盘垫状，黑褐色；刚毛黑色，具隔膜1至数个。分生孢子梗短细，不分枝；分生孢子圆筒形，单胞，无色。

【发病规律】

病原菌以菌丝体在发病植株或土壤中进行越冬，翌年开春随着温度的升高产生分生孢子，凭借风雨进行传播，从兰花叶片伤口或根部伤口侵入，传播蔓延，侵染整个植株。植株栽植过密、基质含水量偏大，容易诱发病害。多从生长衰弱的老叶片上开始发病，且病害严重。

图6-8　兰花炭疽病症状

【防治要点】

（1）农业防治。加强兰花栽培管理，定植密度不易过密，注意通风透光；注意合理的水肥管理，氮肥结合磷钾肥配合施用，增强抵抗力；做好防寒措施，避免发生冻害和冷害；移栽时尽量避免伤根和植株。发现病叶枯叶，及时集中处理烧毁，避免重复传染。可以采用喷施 0.5%～1% 波尔多液 1～2 次，进行地面、花盆、植株，进行预防。

（2）化学防治。发病初期喷施菌必杀 800～1 000 倍液，30% 特富灵可湿粉剂 2 000 倍液，隔 10 d 喷 1 次，连续 3～4 次，即可控制病情。发病严重期，可喷施喷克菌灵 2 000～3 000 倍液。发病期可用 50% 复方硫菌灵可湿粉剂 800 倍液，或 25% 应得悬浮剂 1 000 至 1 500 倍液，50% 施保力可湿粉剂 1 000 倍液，25% 炭特灵 500 倍液，每隔 7～10 d 喷 1 次，交替喷 3～4 次，防治效果明显。

9. 香石竹病毒病

【为害症状】

香石竹病毒病已发现香石竹斑驳病毒病、香石竹潜隐病毒病、香石竹环病毒病、香石竹坏死斑点病毒病和香石竹脉斑驳病毒病 5 种。其中香石竹斑驳病毒病症状表现为新叶褪色，形成斑驳，老叶卷曲，花呈杂色，病叶多呈卷状；香石竹潜隐病毒病在香石竹上产生轻微症状或呈隐症。当与脉斑驳病毒复合侵染，其子叶上产生严重花叶；香石竹蚀环病毒病染病后叶部产生环状或轮纹状或宽条状的色坏死斑，严重的坏死斑融合成大型块状病斑；香石竹坏死斑点病毒病染病株中部叶片出现灰白色至浅黄色坏死斑驳或不规则条斑或条点，下部叶片多呈紫红色斑点和条斑；香石竹脉斑驳病毒病染病后幼叶的叶脉上生深浅不均匀的斑驳或坏死斑，有的出现不规则褪绿斑（图 6-9）。

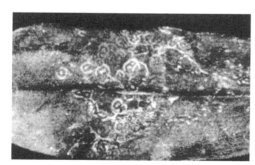

图 6-9　香石竹病毒病症状

【病原物】

属香石竹斑驳病毒组，病叶、病花瓣汁液经负染在电镜下观察到大量的球状病毒粒子，直径为 28～33 nm，钝化温度 90～95 ℃，室温下体外存活期两个月。病叶超薄切片在电镜下可观察到病毒粒子在木质部导管中聚集成晶状排列（图 6-10）。

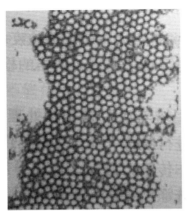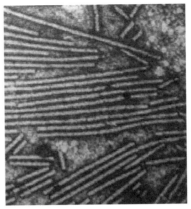

图 6-10　香石竹病毒斑驳病毒（左）、香石竹潜隐病毒（右）

【发病规律】

由汁液摩擦传播。在园艺操作过程中工具和手可能传播病毒，刺吸式口器（蚜虫等）的害虫可以传播。

【防治要点】

（1）农业防治。防治香石竹病毒病以预防为主，综合防治。选择栽培抗病品种，无病毒植株。采用组织培养进行脱毒培养无病毒植株作为种苗，达到消灭侵染来源，降低病害发生的目的。

（2）物理防治。可以利用高温热处理受害株将染病株控制在 30℃ 5 d 左右，使植株逐渐适应，然后把温度提高到 38℃，2 个月，可使植株体内病毒量减少。

（3）化学防治。由于病毒病靠汁液传播，所以可用 3% 的磷酸三钠溶液洗手，然后再操作。对蚜虫传播的病毒可利用内吸性的药剂进行防虫治病。发病严重时喷洒 3.85% 病毒必克可湿性粉剂 700 倍液、7.5% 克毒灵水剂 1 000 ～ 1 200 倍液。

10. 郁金香碎锦病

【为害症状】

该病为害植株的叶片及花冠部位。染病植物叶片上失绿形成白色或灰白色条斑，变为花叶。为害花瓣，导致花瓣畸形，使纯色花变为杂色或形成不规则的斑点，致使花朵变小或不开花。感病植株生长发育不良，植株矮小、鳞茎退化（图6-11）。

图 6-11　郁金香碎锦病症状

【病原物】

病原为金香碎色病毒。病毒钝化温度为 65 ～ 70℃；稀释限点 0.001；体外保毒期 18℃时为 4 ～ 6 d。该病毒有强毒株和弱毒株 2 个株系。强毒株系导致叶片和花梗上出现褐色斑驳（图 6-12）。

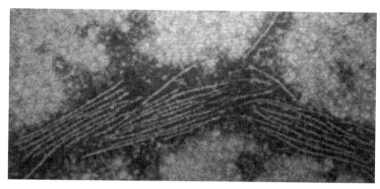

图 6-12　郁金香碎色病毒

【发病规律】

该病毒主要由蚜虫传播。栽培过程中，注意防止蚜虫的发生，避免蚜虫传播。

【防治要点】

（1）农业防治。由于郁金香种球大多是靠进口，所以加强检疫控制病害的发展。建立无病毒种苗繁育基地。加强栽培管理，增强郁金香植株的抗病能力，适宜的定植密度、合理的水肥管理。发现中心病株及时拔除。和易发生蚜虫的植物进行隔离栽植，避免交叉感染。

（2）化学防治。防治传毒蚜虫。定期喷洒 10% 吡虫啉可湿性粉剂 2 000 倍液、3% 啶虫脒乳油 2 000 倍液、50% 辟蚜雾乳油 3 000 倍液等杀虫剂杀灭传毒蚜虫，最好使用忌避剂。

11. 百合病毒病

【为害症状】

百合病毒病主要为害叶片，有百合花叶病、坏死斑病、环斑病和丛簇病 4 种类型。百合花叶病叶面现浅绿、深绿相间斑驳，严重的叶片分叉扭曲，花变形或蕾不开放。有些品种实生苗可产生花叶症状；百合坏死斑病有的呈潜伏侵染，有的出现坏死斑，有些品种上产生坏死斑，植株无主杆，无花或发育不良；百合丛簇病染病植株呈丛簇状，叶片呈浅绿色或浅黄色，产生条斑或斑驳。幼叶染病向下反卷、扭曲，全株矮化（图 6-13）。

图 6-13　百合病毒病症状

【病原物】

百合花叶病毒。病毒粒体线条状，长 650 nm，致死温度 70℃。百合坏死斑病毒原有两类，称百合潜隐病毒和黄瓜花叶病毒。百合潜隐病毒粒体线条状，大小 635 ～ 650 nm×15 ～ 18 nm，致死温度 65 ～ 70℃，黄瓜花叶病毒粒体球状。直径 30 nm，致死温度 60 ～ 75℃，体外保毒期 3 ～ 7 d。百合环斑病毒原称为百合环斑病毒。在心叶烟上产生黄色叶脉状花叶，致死温度 60 ～ 65℃，体外保毒期 25℃条件下 1 ～ 2 d。

【发病规律】

百合花叶病、百合环斑病病毒均在鳞茎内越冬，通过汁液接种传播，蚜虫也可传毒。百合坏死斑病通过鳞茎传到翌年。此外，汁液摩擦也可传毒，甜瓜蚜、桃蚜等是传毒介体昆虫。百合丛簇病由蚜虫传播，蚜虫发生数量多时，此病发生严重。

【防治要点】

（1）农业防治。选择健壮的鳞茎进行繁殖，建立无病毒植株留种基地。生产过程中，发现中心病株及时拔除清理，避免使用有病毒鳞茎进行繁殖。

（2）化学防治。百合生长栽培过程中，如发现蚜虫或红蜘蛛等刺吸式口器害虫时，及时防治害虫的发生，喷洒 10% 吡虫啉可湿性粉剂 1 500 倍液或 50% 抗蚜威超微可湿性粉剂 2 000 倍液，控制传毒蚜虫，减少该病传染蔓延。发病初期也可喷洒药剂进行防治，如使用 3.85% 病毒必克可湿性粉剂 700 倍液或 7.5% 克毒灵水剂 800 倍液、0.5% 抗毒剂 1 号水剂 300 ～ 350 倍液、5% 菌毒清水剂 300 倍液、20% 病毒宁水溶性粉剂 500 倍液，隔 7 ～ 10 d 喷 1 次。

12. 兰花病毒病

【为害症状】

兰花病毒病是兰花栽培中的一类重要病害。患有病毒病的兰花植株将终身患病，即使是新发生的幼叶、幼芽也都带有病毒。该病在幼叶上症状明显，出现花叶等症状，甚至枯死呈黑斑或黑色条纹，降低兰花的商业价值。我国主要栽培品种均可能受害。由于兰花品种不同，症状也有多种。有的为黄绿与绿色相间的花叶，或沿叶脉产生黄绿色的条斑，褪绿部分最后坏死，黑褐色；有的症状为密密麻麻的黑色小块坏死斑；有的症状呈轮纹状褐色圆斑，几个月后枯黄死亡（图6-14）。

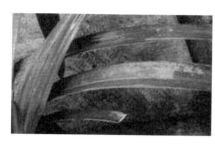

图 6-14　兰花病毒病症状

【病原物】

兰花病毒病是由多种病毒引起的，常见的有建兰花叶病毒、齿兰环斑病毒、兰花小斑病毒、建兰轻花叶病毒等。

【发病规律】

该病毒病一般由汁液、机械接触、蚜虫传播。管理粗放，分根繁殖时工具和手不消毒，可使病毒由病株传到健康株。病株根部有伤口时，淋溶下来的水中也有病毒，可侵染健康植株。

【防治要点】

（1）农业防治。该病主要靠预防控制，分株繁育时应一盆一消毒（工具和手），可用热肥皂水、3%磷酸三钠消毒，也可试用84消毒液。发现有症状的病株立即销毁，可疑植株隔离种植；有病盆钵、栽培基质最好也消毒，可用2%福尔马林溶液消毒。

（2）化学防治。发病普遍时可试用72%丛毒灵可湿性粉剂100倍液，或10%宝力丰病毒立灭水剂（1支药剂对10～15 kg水），或5%菌毒清可湿性粉剂400倍液等。

13. 缺素症

花卉不但需要完全的营养物质，而且还要求各种元素在分量上的合理配合，某些元素过多就是另外的元素相对的减少，对植物也是有害的。优势土壤中并不缺少某些元素，但由于土壤条件不适（pH值过高或过低），直接影响了植物根系对营养物质的吸收，从而引起缺素症。

【根据缺乏元素不同可分为】

（1）缺氮。植株生长缓慢，叶色发黄，严重时叶片脱落。缺绿症状总是从老叶上开始，再向新叶上发展。

（2）缺磷。首先表现在老叶上。花卉缺磷时叶片呈不正常的暗绿色，有时出现灰斑或紫斑。

（3）缺钾。缺钾时首先表现在老叶上。双子叶植物缺钾时，叶片出现斑驳的缺绿区，然后沿着叶缘和叶尖产生坏死区，叶片卷曲，后发黑枯焦。单子叶植物缺钾时，叶片顶端和边缘细胞先坏死，以后向下发展。

（4）缺钙。缺钙症状首先表现在新叶上。典型症状是幼嫩叶片的叶尖和叶缘坏死，然后是叶芽坏死，根尖也会停止生长、变色和死亡。植株矮小，有暗色皱叶。

（5）缺镁。缺镁症状通常发生在老叶上。典型症状为叶脉间缺绿，有时会出现红、橙等鲜艳的色泽，严重时出现小面积坏死。

（6）缺硫。缺硫的症状与缺氮的症状相似，如叶片的均匀缺绿和变黄、生长受到抑制等。但缺硫通常是从幼苗开始。

（7）缺铁。缺铁首先表现在幼叶，典型症状是叶脉间产生明显的缺绿症状，严重时变为灼烧状。

（8）缺锌。缺锌的典型症状是节间生长受到抑制，叶片严重畸形。老叶缺绿也是缺锌的常见症状。

（9）缺硼。缺硼的典型症状是叶片变厚和叶色变深，枝条和根的顶端分生组织死亡。

（10）缺锰。缺锰是叶片缺绿，并在叶片上形成小的坏死斑，幼叶和老叶都可发生。注意要和细菌性斑点病、褐斑病等相区别。

【防治方法】

（1）根外追肥，根据症状表现，推断缺乏何种元素，即选用该元素配制成一定浓度的溶液，进行叶面喷洒。

（2）增施腐熟有机肥料，改良土壤理化性质。

（3）使用全元素复合肥。

（4）实行冬耕、晒土，促进土壤风化，发挥土壤潜在肥力。

二、花卉虫害防治

花卉在栽培过程中没有一种不受昆虫为害。人们通常把为害各种花卉的昆虫、螨类及其他小型动物等称为害虫，把由它们引起的各种植物伤害称为虫害。昆虫是动物界中种类最多、分布最广、适应性最强和群体数量最大的一个类群。

（一）防治原则

花卉病虫害防治的基本方针是"预防为主，综合治理"。从生物、生态、经济 3 个要素综合考虑，制定有效的防治措施。

（二）虫害发生的特点及规律

园林害虫大部分为昆虫，主要以吸食汁液、啃食花卉的嫩茎、芽、叶等为食，或在茎秆内蛀道为害。虫害发病规律与昆虫的生长规律一致，春季当防蝶蛾类幼虫食叶，由于尚未形成保护性外骨骼，初春是防治的最佳时期。夏季是昆虫的活动旺盛时期，成虫成熟后进行交配，需在交配产卵前防治。秋冬要进行越冬休眠，是清理越冬场所的最佳时期。

（三）常见虫害及其防治技术

1. 刺吸性害虫及螨类

刺吸性害虫是指通过刺吸式口器刺吸树叶、花、果实等部位的汁液的害虫。这些为害可引起植物叶片退色、扭曲、枯萎等现象。刺吸性害虫个体通常较小，常见的刺吸性害虫有蚜虫、蚧虫、粉虱、蓟马和螨类等害虫。具体防治要点如下。

【园艺措施】

加强管理，当害虫初侵染为害时，剪除带虫的芽叶等，予以消灭，清除越冬寄主。

【物理防治】

利用色板诱杀成虫。

【生物防治】

注意保护天敌，饲养瓢虫等天敌，控制蚜虫数量。

【化学防治】

使用 40% 乐果乳油或可用克螨特类农药喷雾防治，一般每隔一周防治一次，2～3 次即可。

2. 食叶害虫

食叶害虫是以取食叶片为主的害虫。食叶害虫主要为咀嚼式口器的害虫，主要以啃食或咬食叶片，造成叶片缺刻、孔洞或仅留叶脉，为害严重时把叶片全部吃光，如鳞翅目的蛾类、蝶类幼虫和鞘翅目的金龟子、直翅目的蝗虫等。少数种类潜到叶片中间，啃食叶肉，导致叶片上产生不规则的蛀道如潜叶蝇。具体防治方法如下。

【园艺措施】

人工摘除或通过修剪剪除卵块和集中为害的幼虫，可降低虫口密度。对于蛞蝓和蜗牛等小型食叶动物可以清除种植地的杂草和杂物，秋季深翻土地，杀死部分越冬成贝和幼贝；在被害植株周围撒生石灰粉做保护带。

【物理防治】

利用成虫趋光性和趋化性，用黑光灯、糖醋酒精等诱杀成虫。

【化学防治】

幼虫发生期，喷洒 90% 敌百虫、50% 辛硫磷乳油、50% 麻辣流乳剂、50% 杀螟松乳油等。

【生物防治】

利用性外激素诱杀雄成虫。保护和利用天敌，包括鸟类、寄生蜂、寄生蝇及病毒等。喷洒苏云金杆菌乳剂 500 ～ 800 倍液，或白僵菌普通粉剂 500 ～ 600 倍液，或青虫菌或杀螟杆菌 600 ～ 800 倍液。

3. 地下害虫

地下害虫为生活在地下或在地下完成生活史的害虫。主要为害花卉的地下部，如刚播种的种子、根系和地下块茎等。导致地下部受害。影响地上部的生长，甚至导致全株死亡。地下害虫的种类很多，如蛴螬、金针虫、蝼蛄、根蛆和地老虎等。具体防治方法：

【人工捕杀幼虫】

在受害植株发生量不大的情况下，可以结合人工挖掘进行捕杀害虫。

【诱杀成虫】

可以在成虫发生期，进行糖醋液诱杀，浓度糖：醋：酒：杀虫剂 =1 ：1 ：1 ：1，也可以用性诱剂进行诱杀雌虫。天黑前放在地上，天明后收回。

【化学防治】 施毒土，每公顷用量为 2.5% 敌百虫粉 22.5 kg 与 337.5 kg 细土均匀，撒施在地上。喷洒 90% 敌百虫 800 ～ 1 000 倍液，或 50% 辛硫磷 1 000 倍液。

（四）花卉虫害防治实例

1. 绣线菊蚜

为害花卉苗木的蚜虫种类主要有棉蚜、桃蚜、绣线菊蚜、月季长管蚜、荷缢管蚜等。重点介绍绣线菊蚜。绣线菊蚜又称苹果蚜、苹果黄蚜，主要为害樱花、绣球花、绣线菊、海棠、西府海棠、栀子花、桂花、榆叶梅、白兰花、碧桃等多种花木。

【为害症状】

为害花木的叶梢，其成虫、若虫群集叶背刺吸汁液，排泄物黏附在叶片上，诱发发煤污病，影响植株正常生长、发育和观赏（图6-15）。

图 6-15　绣线菊蚜为害

【识别特征】

（1）无翅孤雌胎生蚜体长 1.6～1.7 mm，宽约 0.95 mm。体近纺锤形，黄、黄绿或绿色。头部、复眼、口器、腹管和尾片均为黑色，口器伸达中足基节窝，触角显著比体短，基部浅黑色，无次生感觉圈。腹管圆柱形向末端渐细，尾片圆锥形，生有 10 根左右弯曲的毛，体两侧有明显的乳头状突起，尾板末端圆，有毛 12～13 根。

（2）有翅孤雌胎生蚜体长 1.5～1.7 mm，翅展约 4.5 mm，体近纺锤形。头、胸、口器、腹管、尾片均为黑色，腹部绿、浅绿、黄绿色，复眼暗红色，口器伸达后足基节窝，触角丝状 6 节，较体短，第 3 节有圆形次生感觉圈 6～10 个，第 4 节有 2～4 个，体两侧有黑斑，并具明显的乳头状突起。尾片圆锥形，末端稍圆，有 9～13 根毛。

（3）卵椭圆形，长径约 0.5 mm，初产浅黄，渐变黄褐、暗绿，孵化前漆黑色，有光泽。

（4）若虫鲜黄色，无翅若蚜腹部较肥大、腹管短，有翅若蚜胸部发达，具翅芽、腹部正常（图6-16）。

【发生规律】　每年发生 10 多代，以卵在一年生枝条嫩梢及枝条缝隙内越冬。4 月下旬始孵化，6—7 月快速繁殖，为害重，此时产生大量有翅胎生雌蚜，向其他植株上转移，8—9 月数量渐少，10—11 月产生有性蚜，交尾后产卵越冬。

图 6-16　绣线菊蚜形态

【防治要点】

由于蚜虫繁殖和适应力强，所以各种防治方法都很难取得根治的效果。因此对于蚜虫，应尽快抓紧治疗，避免蚜虫大量发生。

（1）农业防治。盆栽花卉上零星发生时可用毛笔蘸水刷掉，刷下的蚜虫要及时清理干净。冬春季节要常铲除田边杂草，消灭越冬寄主上的蚜虫，减少虫源。

（2）自制药剂防治。家庭养花可以用鲜辣椒或干红辣椒 50 g，加水 30 ～ 50 g，煮 0.5 h 左右，用其滤液喷洒受害植物有特效。或者用洗衣粉 3 ～ 4 g，加水 100 g，搅拌成溶液后，连喷 2 ～ 3 次，防治效果达 100%。用"风油精"600 ～ 800 倍液，用喷雾器对害虫仔细喷洒，使虫体上沾上药水，杀灭蚜虫及介壳虫等害虫的效果都在 95% 以上，而对植株不会产生药害。也可将洗衣粉、尿素和水按 1 ∶ 4 ∶ 100 的比例，搅拌成混合液后，用以喷洒植株，可以起到灭虫、施肥一举两得之效。

（3）化学防治。及时喷洒辟蚜雾、蚜松、辛硫磷。

2. 温室白粉虱

属同翅目，粉虱科。1975 年始于北京，现几乎遍布中国。寄主于各种花卉。成虫和若虫吸食植物汁液，被害叶片褪绿、变黄、萎蔫，甚至全株枯死。此外，由于其繁殖力强，繁殖速度快，种群数量庞大，群聚为害，并分泌大量蜜液，严重污染叶片和果实，往往引起煤污病的大发生，使花卉失去观赏价值。

成虫体长 1 ～ 1.5 mm，淡黄色。翅面覆盖白蜡粉，停息时双翅在体上合成屋脊状如蛾类，翅端半圆状遮住。卵长约 0.2 mm，侧面观长椭圆形，基部有卵柄，柄长 0.02 mm，从叶背的气孔插入植物组织中（图 6-17）。

图 6-17　温室白粉虱若虫、成虫、为害

在北方，温室一年可发生 10 余代，以各虫态在温室越冬并继续为害。成虫有趋嫩性，夏季的高温多雨抑制作用不明显，到秋季数量达高峰，集中为害瓜类、豆类和茄果类蔬菜。在北方由于温室和露地蔬菜生产紧密衔接和相互交替，可使白粉虱周年发生此虫世代重叠严重。寄主植物包括多种蔬菜、花卉、木本植物等。成、若虫聚集寄主植物叶背刺吸汁液，使叶片退绿变黄，萎蔫以至枯死；成、若虫所排蜜露污染叶片，影响光合作用，且可导致煤污病及传播多种病毒病。除在温室等保护地发生为害外，对露地栽培植物为害也很严重。在自然条件下不同地区的越冬虫态不同，一般以卵或成虫在杂草上越冬。繁殖适温 18 ～ 25 ℃，成虫有群集性，对黄色有趋性，营有性生殖或孤雌生殖。卵多散产于叶片上。若虫期共 3 龄。具体防治方法如下。

【园艺措施】

一定要把育苗地块与生产地块隔离，避免害虫的侵入为害。育苗前进行熏蒸消毒，控制害虫基数；清除害虫寄生的杂草、枯枝落叶等；增设防虫网避免成虫侵入。加强栽培管理，结合整枝打杈，摘除老叶并烧毁或深埋，可减少虫口数量。

【生物防治】

采用人工释放丽蚜小蜂、中华草蛉和轮枝菌等天敌可防治白粉虱。

【物理防治】

利用白粉虱强烈的趋黄习性，在发生初期，将黄板涂机油挂于植株行间，诱杀成虫。

【化学防治】

药剂防治应在虫口密度较低时早期施用，可选用 25 % 噻嗪酮（扑虱灵）可湿性粉剂 1 000 ～ 1 500 倍液、10 % 联苯菊酯（天王星）乳油 2 000 倍液、2.5 % 溴氰菊酯（敌杀死）乳油 2 000 倍液、20 % 氰戊菊酯（速灭杀丁）乳油 2 000 倍液、2.5 % 三氟氯氰菊酯乳油 3 000 倍液、灭扫利乳油 2 000 ～ 3 000 倍液等，每隔 7 ～ 10 d 喷 1 次，连续防治 3 次。

3. 西花蓟马

为害观赏植物的蓟马种类很多，主要有：西花蓟马、花蓟马、黄蓟马、色蓟马、黄胸蓟马、烟蓟马、杜鹃蓟马、端大蓟马、普通大蓟马等。主要为害观赏植物的花器，其次是幼芽和嫩叶，蓟马在花器上活动时，锉吸花瓣汁液，使花瓣出现白色或褐色伤瓣，严重时导致萎蔫等；为害叶片后出现灰白色和银白色的斑点，严重时斑点连片、干枯。

【为害症状】

西花蓟马为多食性昆虫，寄主范围非常广泛，包括各种重要的经济作物、蔬菜、花卉，如茄科、葫芦科、豆科、十字花科植物，尤其以花卉、茄果类植物受害最重。西花蓟马以锉吸式口器吸食寄主植物的叶、芽、花或果实汁液，被害叶片初呈白色斑点，后连成片，为害严重时叶片缩小、皱缩，甚至黄化、干枯凋萎；花器受害呈白斑点或变为褐色，果实受害可于表面形成伤痕，降低果实质量，也可直接引起幼嫩的果实脱落。还可以持久性的方式传播番茄斑萎病毒和凤仙花坏死斑病毒。通过西花蓟马传播的病毒所造成的损失远大于其直接取食所造成的损失（图 6-18）。

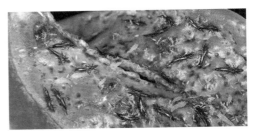

图 6-18　西花蓟马为害

【识别特征】

（1）成虫体长 1.2 ～ 1.3 mm，体淡棕色，头及胸部色略淡。头短于前胸，单眼间鬃生于前、后单眼外缘连线上，复眼后鬃最长鬃几与单眼间鬃等长。触角 8 节，第 3 ～ 4 节具叉状感觉锥。前胸背片有 5 对长鬃，翅 2 对，具长缨毛，前翅鬃大致连续排列。腹部第 5 ～ 8 节背片两侧有微弯梳，腹Ⅷ节背片后缘有完整后缘梳毛，产卵器锯状，向腹面弯曲。雄虫与雌虫相似，较雌虫小，体色淡。腹部第 5 ～ 8 节腹片有长椭圆形腹腺域。

（2）卵肾形，白色或淡黄色，长 0.15 ～ 0.25 mm，产于寄主植物组织薄壁细胞中。

（3）若虫共 4 龄，体形狭长。1 ～ 2 龄活跃。1 龄若虫透明，2 龄若虫金黄色。

（4）前蛹白色，身体变短，出现翅芽，触角前伸；蛹白色，很少活动，出现成虫的刚毛列，翅芽较长，超过腹部一半，触角向头后弯曲（图 6-19）。

图 6-19　西花蓟马若虫（左）、成虫（右）

【发生规律】

西花蓟马为过渐变态昆虫，其生活史可分为卵、若虫、前蛹、蛹、成虫几个阶段。一年可繁殖 10 ～ 15 代。刚羽化的雌成虫在 24 h 内相对静止，成熟后很活跃。起飞高峰期为 800 ～ 1 000，中午时下降，1 400 ～ 1 600 起飞数量回升，到 1 800 下降到最低。在温度 28 ℃，相对湿度 70%，光照度 4 000 ～ 6 000 lx 时最容易起飞。雌虫可营两性生殖和孤雌生殖，两性生殖既可产生雌虫也可产生雄虫，以雌虫为主，雌雄比例为 2 ∶ 1；孤雌生殖仅产生雄虫。自然种群中，雌雄性比一般为 4 : 1。雄成虫寿命短，仅为雌成虫的一半。西花蓟马的卵产在叶、花和果实等器官的薄壁组织细胞内，在此阶段死亡率常很高。成虫清晨即开始栖于花中，中午时栖花数量达到最高，下午时数量开始下降，晚上花中蓟马离开。雌、雄花栖居数量没有差异，说明西花蓟马并不是光以花粉为食；若虫栖花习性与成虫相同。1、2 龄若虫异常活跃，1 龄若虫从植物组织内孵化后马上开始取食。进入 2 龄后取食量约为 1 龄的 3 倍，2 龄后期表现为负趋光性，离开植物，入土 1 ~ 5 cm 处进入前蛹期，在土中化蛹，也有部分个体在花里化蛹。前蛹期和蛹期均不取食，极少活动。

【防治要点】

西花蓟马发育历期短，个体小易隐蔽，对杀虫剂极易产生抗药性，应避单一使用化学防治，应遵循预防为主、综合治理的原则，合理采取防治措施。

（1）加强检疫。西花蓟马远距离扩散主要依靠人为因素。种苗、花卉及其他农产品的调运，尤其是切花运输及人工携带是其远距离传播的主要方式，以这种方式扩散的速度大约是每年 200 km。另外，很容易随风飘散，易随衣服、运输工具等携带传播。因此加强检疫可以有效遏制西花蓟马的快速传播。

（2）农业防治。将寄主植物与非寄主作物间作，减少蓟马取食。清除田间西花蓟马野生寄主，可防治其在作物长起来时转移到作物田为害。

（3）物理防治。紫外线对蓟马的繁殖有促进作用，因而采用近紫外线不能穿透的特殊塑膜作棚膜，可控制棚内西花蓟马的增殖与为害。西花蓟马对蓝色、粉红色、白色和天蓝色具有较强的趋性，悬挂有色粘虫板，既可监测其种群动态，又可诱集成虫，减少产卵与为害，其中以蓝板的诱集效果最好。通过提高棚温可防治西花蓟马，当大棚温度达到 40℃并保持 6 h 以上，西花蓟马雌成虫即全部死亡；其卵在 40℃下存活时间仅 20 min。保持温室中 CO_2 的含量为 45% ~ 55%，可有效防治西花蓟马。气调可用于西花蓟马的检疫处理和防治。

（4）生物防治。0.5 g/m^2 的金龟子绿僵菌孢子悬浮液喷雾，蜡蚧轮枝菌 MZ041024 菌株 3.6×108 个 /mL 喷雾，球孢白僵菌 MZ050724 菌株 3.6×108 个 /mL 喷雾。利用蓟马借助植物气味寻找寄主的特性，将烟碱乙酸酯和苯甲醛混合在一起制成诱芯在田间使用，能够准确预测西花蓟马的发生及为害时期，并能大量诱杀成虫。将茴香醛与上述两种化合物混合后制成粘板，防治大棚里的西花蓟马效果良好。

（5）化学防治。温室黄瓜上西花蓟马达到中部叶片每叶 1.17 头成虫或 9.15 头若虫为防治适期。防治药剂可选用昆虫生长调节剂灭幼脲、吡丙醚、氟虫脲、噻虫嗪等阻止幼虫蜕皮和成虫产卵；植物性杀虫剂如楝素、烟碱、藜芦碱等；新型杀虫剂阿维菌素类药剂、乙基多杀菌素等。

4. 木橑尺蛾

鳞翅目尺蛾总科尺蛾科的一个物种。该虫可为害蔷薇科、榆科、桑科、漆树科等 30 余科 170 多种植物。

成虫体长 18～22 mm，翅展 55～65 mm。体黄白色。雌蛾触角丝状；雄蛾双栉状，栉齿较长并丛生纤毛。头顶灰白色，颜面橙黄色，喙棕褐色，下唇须短小。翅底白色，翅面上有灰色和橙黄色斑点。

老熟幼虫体长 60～80 mm。幼虫的体色与寄生植物的颜色相近似，并散生灰白色斑点。（图 6-20）。

1 年发生 1 代，以蛹在土中越冬。成虫羽化盛期为 7 月中、下旬，幼虫孵化盛期为 7 月下旬至 8 月上旬，老熟幼虫于 9 月为化蛹盛期。

成虫多为夜间羽化，晚间活动，羽化后进行交尾，交尾后 1～2 d 内产卵。

图 6-20　木橑尺蛾

卵多产于寄主植物的皮缝里或石块上，块产，排列不规则并覆盖一层厚的棕黄色绒毛。成虫趋光性强，白天静伏在树干、树叶、杂草等处，容易发现。成虫寿命4～12 d。

卵期 9～10 d。幼虫孵化后即迅速分散，很活泼，爬行快，稍受惊动，即吐丝下垂，借风力转移为害。初孵幼虫一般在叶尖取食叶肉，留下叶脉，将叶食成网状。2 龄幼虫则逐渐开始在叶缘为害，静止时，多在叶尖端或叶缘用臀足攀住叶的边缘，身体向外直立伸出，如小枯枝，不易发现。3 龄以后幼虫行动迟缓，通常将一叶食尽后，才转移为害。幼虫共 6 龄，幼虫期 40 d 左右。具体防治方法如下。

【物理防治】

灯光诱杀成虫，成虫出现期，可在林缘或林中空地设诱虫灯诱杀成虫。

【化学防治】

初龄幼虫期，可用 80% 敌敌畏乳油 800～1 000 倍液，50% 杀螟松乳油1 000～1 500 倍液，2.5% 溴氰菊酯乳油 2 000～3 000 倍液喷杀幼虫；幼虫转移树冠为害或成虫期，可用 50% 杀虫净、50% 敌敌畏、50% 杀螟松等药剂进行喷雾或喷粉，也可施放烟雾剂熏杀。

5. 灰巴蜗牛

灰巴蜗牛为软体动物。温室花卉上常有发生，为害花卉植株，导致叶片产生缺刻，发生严重时咬食整个植株，造成缺苗。还有可能在蜗牛爬行过的叶片感染病菌，导致发病。

形体呈球形，壳高 19 mm、宽 21 mm，有 5.5 ～ 6 个螺层。体色黄褐色或灰色。（图6-21）。

图 6-21　灰巴蜗牛

灰巴蜗牛是中国常见的为害各种农作物及花卉的陆生软体动物之一。各地均有发生。具体防治方法：

【园艺措施】

在害虫集中出入时采用人工捕捉，集中处理。

【化学防治】

在发现蜗牛的植株上，可以用菊酯类农药或 50% 辛硫磷乳油进行喷雾防治，也可以拌成毒土或毒屑撒在花卉植株的根部，进行防治。

6. 美洲斑潜蝇

美洲斑潜蝇主要以幼虫为害花卉植株的叶片和根部。成虫比苍蝇小。幼虫呈蛆状。

成虫在产卵时，把卵产到花卉叶片的叶肉内，孵化幼虫在叶片内啃食叶肉，导致叶片上产生不规则的蛀道，严重时导致叶片枯死，影响花卉的观赏价值（图6-22）。具体防治方法如下。

【园艺措施】

适当疏植，增加田间通透性；及时清洁田园，把被斑潜蝇为害作物的残体集中深埋、沤肥或烧毁。在害虫发生高峰时，摘除带虫叶片并销毁。

图 6-22　美国斑潜蝇为害叶片

【物理防治】

依据其趋黄习性，利用黄板诱杀。采用灭蝇纸诱杀成虫，在成虫始盛期至盛末期，设置诱杀点。

【生物防治】

利用寄生蜂防治，在不用药的情况下，寄生蜂天敌寄生率可达 50% 以上（姬小蜂、反颚茧蜂、潜蝇茧蜂等，这三种寄生蜂对斑潜蝇寄生率较高）。

【化学防治】

受害作物某叶片有幼虫5头时，掌握在幼虫2龄前（虫道很小时），喷洒1.8%爱福丁乳油3 000～4 000倍液、1%增效7051生物杀虫素2 000倍液、48%乐斯本乳油1 000倍液、50%蝇蛆净粉剂2 000倍液、40%绿菜保乳油1 000～1 500倍液、1.5%阿巴丁乳油3 000倍液、5%抑太保乳油2 000倍液、5%卡死克乳油2 000倍液。

7.蛴螬

蛴螬属于地下害虫。属于鞘翅目金龟子的幼虫，也称地蚕。为害多种植物，包括花卉植株。

蛴螬咬食幼苗嫩茎，薯芋类块根被钻成孔眼，当植株枯黄而死时，它又转移到别的植株继续为害。此外，因蛴螬造成的伤口还可诱发病害发生。芋基部被钻成孔眼后，伤口愈合留下的凹穴，极大地影响了芋的质量（图6-23）。

蛴螬幼虫和成虫在土中越冬，成虫即金龟子，白天藏在土中，晚上8:00—9:00时进行取食等活动。蛴螬有假死和负趋光性，并对未腐熟的粪肥有趋性。幼虫蛴螬始终在地下活动，与土壤温湿度关系密切。当10 cm土温达5 ℃时开始上升土表，13～18 ℃时活动最盛，23 ℃以上则往深土中移动，至秋季土温下降到其活动适宜范围时，再移向土壤上层。因此蛴螬对果园苗圃、幼苗及其他作物的为害主要是春秋两季最重。具体防治方法如下。

【园艺措施】

选用盆土时发现幼虫及时清除，施用腐熟的粪肥，避免携带虫卵和幼虫。

【物理防治】

有条件地区，可设置黑光灯诱杀成虫，减少蛴螬的发生数量。

【化学防治】

在即将施用的粪肥里撒入辛硫磷颗粒剂进行粪肥消毒杀虫，保证粪肥不携带虫卵。

在发生蛴螬的地块或花盆里，施用辛硫磷颗粒剂或用辛硫磷乳油进行拌土进行防治。

8.根蛆

根蛆是蝇类幼虫的总称。根蛆也叫地蛆，种蝇的幼虫。成虫比苍蝇瘦小。

主要集中在地下部和根茎基部为害，常钻入根茎、块茎和鳞茎等中为害，也有潜入叶片中间进行为害，导致叶片上产生蛀道，严重影响花卉观赏效果。

成虫喜欢花蜜和腐败的东西，经常在粪堆上上产卵，所以田间施用没有发酵或腐熟的粪肥时，根蛆的发生量就大。具体防治方法如下。

【园艺措施】

施肥时要将有机肥料充分腐熟，并深施覆土，或多施草木灰肥（最好施在植株根部周围），以避成虫，减少其产卵的机会。

【化学防治】

结合播种每亩用 5% 辛硫磷颗粒剂 3 ～ 4 kg 拌细土 30 kg，撒施于播种沟内。选出健康无病的种子进行药剂拌种处理，即每 50 kg 种子用 40% 辛硫磷乳油 100 ～ 150 mL 加水 25 ～ 30 kg，拌种子 200 ～ 250 kg，随拌随播。幼虫发生期，用 90 % 敌百虫 800 ～ 1 000 倍液、50% 辛硫磷乳油 1 000 倍液、48% 乐斯本乳油 1500 倍液灌根防治。将喷雾器喷头上的旋水片取出，把药液注入根部土壤中，10 d 1 次，视虫情防治 2 ～ 3 次。成虫盛发期，用 48% 乐斯本乳油 1 500 倍液喷雾防治，每隔 7d 1 次，连续防治 2 ～ 3 次，以上午 9：00—11：00 时施药效果最好。

图 6-23　蛴螬

图 6-24　根蛆

三、花卉常用农药种类

（一）杀虫杀螨剂

1. 植物杀虫剂

【苦参碱】

又名苦参素，是由中草药植物苦参的根、果提取制成的生物碱制剂，对害虫有触杀和胃毒作用，对人畜低毒。对蚜虫、叶螨、叶蝉、粉虱、潜叶蝇、地下害虫、鳞翅目幼虫等均有极好的防效。剂型有 0.36% 水剂、0.04% 水剂。

【鱼藤酮】

又名施绿宝，是从鱼藤根中提取并经结晶制成，具触杀、胃毒、生长发育受抑制和拒食作用，对人畜低毒。对鳞翅目、半翅目等多种园林植物害虫均有较好的防效，如茶尺蠖、茶毛虫、卷叶蛾类、刺蛾、小绿叶蝉、黑刺粉虱、茶蚜等。剂型有 2.5% 乳油、5% 乳油、4% 粉剂。

【印楝素】

是从印楝树里提取的一种生物杀虫剂，具胃毒、触杀、拒食、忌避等作用，对人畜低毒。可有效地防治多种害虫，如舞毒蛾、金龟甲、夜蛾类、潜叶蝇、飞蝗等。剂型有 0.3% 乳油。

2. 微生物杀虫剂

【苏云金杆菌】

简称 Bt，又名敌保、杀虫菌 1 号。是一种细菌性微生物农药，属低毒、广谱性胃毒剂。对鳞翅目幼虫如尺蠖、舟蛾、刺蛾、天蛾、夜蛾、螟蛾、枯叶蛾、蚕蛾和蝶类等均有理想的防治效果，但对灯蛾和毒蛾效果差，剂型有 100 亿孢子 /g 菌粉。

【白僵菌】

是一种真菌性微生物药剂，本品中的杀虫成分主要是白僵菌（球孢或卵孢）活孢子。对鳞翅目、直翅目、鞘翅目、同翅目和蜱螨目等 200 多种害虫有寄生性，如黄褐天幕毛虫、小褐木蠹蛾、光肩星天牛、透翅蛾等。剂型有 50 亿～80 亿活孢子 /g 菌粉。③核多角体病毒为低毒病毒杀虫剂。该病毒被鳞翅目幼虫取食后，病毒在虫体内大量复制增殖，迅速扩散到害虫全身各个部位，急剧吞噬消耗虫体组织，导致害虫染病后全身化水而亡。剂型有 10 亿 PIB/g 可湿性粉剂。

3. 抗生素杀虫剂

【埃玛菌素】

又名甲氨基阿维菌素、威克达。是一种高效、广谱的杀虫、杀螨剂。对鳞翅目、鞘翅目、同翅目、螨类具有很高的活性。

【多杀菌素】

又名菜喜、催杀。是一种微生物代谢产物，属大环内酯类化合物。具有快速的触杀和胃毒作用，对叶片有较强的渗透作用，可杀死表皮下的害虫。能有效地防治鳞翅目、双翅目和缨翅目害虫，也可防治鞘翅目、直翅目中某些大量取食叶片的害虫种类。

【阿维菌素】

触杀，胃毒，渗透力强。它是一种大环内酯双糖类化合物。是从土壤微生物中分离的天然产物，对昆虫和螨类具有触杀和胃毒作用并有微弱的熏蒸作用，无内吸作用。但它对叶片有很强的渗透作用，可杀死表皮下的害虫，且残效期长。它不杀卵。

4. 昆虫生长调节剂

【除虫脲】

与灭幼脲三号为同类除虫剂，害虫取食后造成积累性中毒，由于缺乏几丁质，幼虫不能形成新表皮，蜕皮困难，化蛹受阻；成虫难以羽化、产卵；卵不能正常发育、孵化的 幼虫表皮缺乏硬度而死亡，从而影响害虫整个世代，这就是除虫脲的优点之所在。主要作用方式是胃毒和触杀。

【扑虱灵】

高效，持效期长，选择性强，安全的新型昆虫生长调节剂，属非杀生性农药，它保护天敌，为化学防治和生物防治相结合提供了一个成功的范例。扑虱灵主要用于水稻，蔬菜，茶叶和柑橘等作物的叶蝉、飞虱、粉虱和介壳虫等害虫的防治。主要作用方式是胃毒和触杀。

【氟铃脲】

是几丁质合成抑制剂，具有很高的杀虫和杀卵活性，而且速效，尤其防治棉铃虫。用于棉花、马铃薯及果树防治多种鞘翅目、双翅目、同翅目昆虫。以 $25 \sim 50$ g/hm^2（棉花）和 $10 \sim 15$ g/hm^2（果树）可防治棉花和果树上的鞘翅目、双翅目、同翅目和鳞翅目昆虫。如防治甘蓝小菜蛾、菜青虫等以 $15 \sim 30$ g/hm^2 喷雾，防治柑桔潜叶蛾以 $37.5 \sim 50$ mg/L 喷雾。主要作用方式是胃毒和触杀。

【氟啶脲】

（抑太保）抑制几丁质合成，阻碍昆虫正常脱皮，是卵的孵化、幼虫脱皮及蛹发育畸形，成虫羽化受阻。作用特点：胃毒、触杀。药效高，但作用速度较慢，对鳞翅目、鞘翅目、直翅目、膜翅目、双翅目等活性高，对蚜虫、叶蝉、飞虱无效。

5. 拟除虫菊酯类杀虫剂

【三氟氯氰菊酯】

具有触杀、胃毒作用，无内吸作用，杀虫谱广，活性较高，药效迅速，喷洒后有耐雨水冲刷的优点，但长期使用易产生抗性。对刺吸式口器的害虫及害螨有一定防效，对螨的使用剂量要比常规用量增加 $1 \sim 2$ 倍。防治苹果蠹蛾、小卷叶蛾用 2.5% 乳油 2 000 ～ 4 000 倍液喷雾；防治桃小食心虫、苹果蚜虫用 2.5% 乳油 3 000 ～ 4 000 倍液喷雾。

【联苯菊酯】

具有触杀、胃毒作用，无内吸和熏蒸作用。对害虫击倒快，效果好，残效期长。对枣树上的幼螨、若螨和成螨均有效，但杀灭螨卵效果差。联苯菊酯对鳞翅目、同翅目的昆虫和植食螨类，都有很好的防治作用。用于虫、螨并发时，省工省药。

【溴氰菊酯】

又名敌杀死，杀虫活性很高，以触杀和胃毒作用为主，对害虫有一定的驱避与拒食作用，但无内吸及熏蒸作用。杀虫谱广，击倒速度快，杀伤力大，但对螨类无效，其作用部位在昆虫的神经系统，使昆虫过度兴奋、麻痹而死亡。可以防治桃小食心虫、梨小食心虫、茶尺蠖、木撩尺蠖、茶毛虫、茶虫细蛾、茶小卷叶蛾、扁刺蛾、丽绿刺蛾、油桐尺蠖、茶蚜、茶小绿叶蝉、黑刺粉虱、长白蚧、蛇眼蚧、茶柳圆蚧、马尾松毛虫、赤松毛虫等。

【顺式氰戊菊酯】

又名来福灵，5%来福灵乳油。防治桃小食心虫、茶尺蠖、茶毛虫、茶小绿叶蝉等。

【氰戊菊酯】

又名速灭杀丁，杀灭菊酯，敌虫菊酯，异戊氰菊酯，戊酸氰醚酯。氰戊菊酯杀虫谱广，对天敌无选择性，以触杀和胃毒作用为主，无内吸传导和熏蒸作用。对鳞翅目幼虫效果好，对同翅目、直翅目、半翅目等害虫也有较好效果，对螨类无效。防治苹果、梨、桃树上食心虫、苹果蚜、桃蚜、梨星毛虫、卷叶虫、丽绿刺蛾等。

【高效氯氰菊酯】

是一种拟除虫菊酯类杀虫剂，生物活性较高，具有触杀和胃毒作用。杀虫谱广、击倒速度快，杀虫活性较氯氰菊酯高。适用于防治棉花、蔬菜、果树、茶树、森林等多种植物上的害虫及卫生害虫。

6. 有机磷类杀虫剂

【辛硫磷】

辛硫磷杀虫谱广，击倒力强，以触杀和胃毒作用为主，无内吸作用，对鳞翅目幼虫很有效。在田间因对光不稳定，很快分解，所以残留期短，残留危险小，但该药施入土中，残留期很长，适合于防治地下害虫。适合于防治地下害虫。对为害花生、小麦、水稻、棉花、玉米、果树、蔬菜、桑、茶等作物的多种鳞翅目害虫的幼虫有良好的作用效果，对虫卵也有一定的杀伤作用。也适于防治仓库和卫生害虫。

【敌百虫】

具有胃毒作用，能抑制害虫神经系统中胆碱酯酶的活动而致死，杀虫谱广，通常以原药溶于水中施用，也可制成粉剂、乳油、毒饵（见农药剂型）使用。敌百虫在中国广泛用于防治农林、园艺的多种咀嚼口器害虫、家畜寄生虫和蚊蝇等。

7. 氨基甲酸酯类农药

【苯氧威】

具有胃毒和触杀作用，并具有昆虫生长调节剂作用，杀虫广谱；但它的杀虫作用是非神经性的，表现为对多种昆虫有强烈的保幼激素活性，可导致杀卵、抑制成虫期的变态和幼虫期的蜕皮，造成幼虫后朋或蛹期死亡，杀虫专一，对蜜蜂和有益生物无害。同时对拟除虫菊酯类杀虫剂有很高的增效作用。

【混灭威】

微臭，对高等动物毒性中等，对鱼类毒性小，具强触杀作用，速效性好，残效期短，只有 2 ~ 3 d。药效不受温度变化影响。主要用于防治稻叶蝉和稻飞虱，在若虫高峰使用，击倒速度快、药效好。对稻蓟马、甘蔗蓟马也有良好防治效果。也可用于防治棉叶蝉、棉造桥虫、棉铃虫、棉蚜、大豆食心虫、茶长白蚧若虫。

8. 沙蚕毒素类

【杀虫双】

沙蚕毒类杀虫剂，是一种神经毒剂，昆虫接触和取食药剂后表现出迟钝、行动缓慢、失去侵害作物的能力、停止发育、虫体软化、瘫痪、直至死亡。杀虫双有很强的内吸作用，能被作物的叶、根等吸收和传导。对害虫具有较强的触杀和胃毒作用，并兼有一定的熏蒸作用。有很强的内吸作用，能被作物的叶、玉米、根等吸收和传导。适用于水稻、蔬菜、果树、棉花和小麦等作物。

【杀螟丹】

胃毒作用强，同时具有触杀和一定拒食、杀卵等作用。对害虫击倒快，残效期长，杀虫广谱。能用于防治鳞翅目、鞘翅目、半翅目、双翅目等多种害虫和线虫，对捕食性螨类影响较小。

9. 烟碱类杀虫剂

【吡虫啉】

具有优良的内吸性、高效、杀虫谱广、持效期长、对哺乳动物毒性低等特点。而且还具有良好的根部内吸活性、胃毒和触杀作用，对同翅目效果明显，对鞘翅目、双翅目和鳞翅目也有效，但对线虫和红蜘蛛无效。既可用于茎叶处理、种子处理，也可以进行土壤处理。适宜的作物为禾谷类作物、马铃薯、甜菜、柑橘、烟草、番茄、落叶果树、蔬菜和棉花等。

【啶虫脒】

具有内吸性强、用量少、速效好、活性高、持效期长、杀虫谱广、与常规农药无交互抗性等特点。主要用于防治蔬菜（甘蓝、白菜、萝卜、黄瓜、西瓜、茄子、辣椒等）、果树（苹果、柑橘、梨、桃、葡萄等）、茶、马铃薯、烟草等上的同翅目害虫：蚜虫、叶蝉、粉虱和蚧等，鳞翅目害虫：菜蛾、潜蝇、小食心虫等，鞘翅目害虫如天牛等，蓟马目如蓟马等。对甲虫目害虫也有明显的防效，并具有优良的杀卵、杀幼虫活性。既可用于茎叶处理，也可以进行土壤处理。

【噻虫嗪】

不仅具有触杀、胃毒、内吸活性，而且具有更高的活性、更好的安全性、更广的杀虫谱及作用速度快、持效期长等特点。对鞘翅目、双翅目、鳞翅目，尤其是同翅目害虫有高活性，可有效防治各种蚜虫、叶蝉、飞虱类、粉虱、金龟子幼虫、马铃薯甲虫、跳甲、线虫、地面甲虫、潜叶蛾等害虫及对多种类型化学农药产生抗性的害虫。既可用于茎叶处理、种子处理，也可以进行土壤处理。

【烯啶虫胺】

具有低毒、高效、残效期长和卓越的内吸、渗透作用等特点。对各种蚜虫、粉虱、水稻叶蝉和蓟马有优异防效，对用传统杀虫剂防治产生抗药性的害虫也有良好的活性，可有效防治多种刺吸口器害虫。与某些害虫已产生抗药性的农药如有机磷、氨基甲酸酯、沙蚕毒类农药混配后具有增效和杀虫杀螨效果。适宜的作物为水稻、蔬菜、果树和茶叶等，既可用于茎叶处理，也可以进行土壤处理。

10. 杀螨制剂

【哒螨灵】

高效、广谱杀螨剂，无内吸性，对叶螨、全爪螨、小爪螨合瘿螨等食植性害螨均具有明显防治效果，而且对卵、若螨、成螨均有效，对成螨的移动期亦有效。适用于柑桔、苹果、梨、山楂、棉花、烟草、蔬菜（茄子除外）及观赏植物。如用于防治柑桔和苹果红蜘蛛、梨和山楂等锈壁虱时，在害螨发生期均可施用（为提高防治效果最好在平均每叶 2 ～ 3 头时使用），将 20% 可湿性粉剂或 15% 乳油对水稀释至 50 ～ 70 mg/L（2 300 ～ 3 000 倍）喷雾。安全间隔期为 15 d，即在收获前 15 d 停止用药。

【克螨特】

具有触杀和胃毒作用、无内吸和渗透传导作用。对成螨、若螨有效，杀卵效果差。可用于防治棉花、蔬菜、苹果、柑橘、茶、花卉等多种作物上的害螨。

【四螨嗪】

防治苹果和其他果树树冠上的螨类。在果园或葡萄园用 0.04% 的 50% 乳油在冬卵孵化前喷药，能防治整个季节的食植性叶螨。在四年大田试验中，按 500 g/L、400 g/L 剂量施 2 次，可防治苹果和桃树的榆全爪螨。

【唑螨酯】

为肟类杀螨剂，E 体比 Z 体杀螨活性高，作用方式以触杀作用为主。杀螨谱广，并兼有杀虫治病作用。适用于多种植物上防治红叶螨和全爪叶螨。对小菜蛾、斜纹夜蛾、二化螟、稻飞虱、桃蚜等害虫及稻瘟病、白粉病、霜霉病等病害亦有良好防治作用。

（二）杀菌剂

1. 无机杀菌剂

【波尔多液】

是一种低毒、广谱、持效期长的保护性无机铜杀菌剂。可预防多种真菌和细菌病害。不能与酸性药剂、石硫合剂、松脂合剂和矿物油剂混用。对霜霉病、绵腐病、炭疽病等有良好效果，但对白粉病效果差。对细菌性病害也有效果。常用来防治果树树干的溃疡病。

【石硫合剂】

是一种具有杀菌、杀虫又杀螨的低等毒性的保护作用的无机硫杀菌剂。防治麦类锈病、白粉病、赤霉病，在小麦抽穗前或抽穗后，可用 0.3 ~ 0.5 °Bé 喷雾，瓜类使用浓度更低，冬季休眠期果树可用 1 ~ 5 °Bé 喷雾，温度高时，使用浓度要相对低。

【络氨铜】

（克病增产素、消病灵、胶氨铜），是一种以保护作用为主，内吸性强，并有一定的铲除作用的无机杀菌剂。

2. 有机杀菌剂

【百菌清】

是一种低毒、广谱、具有保护作用的有机氯杀菌剂。防治对象：多种真菌，但是腐霉菌除外。

【多菌灵】

是一种高效、低毒、内吸性苯丙咪唑类杀菌剂。防治对象：对于子囊菌和半知菌所致的多种病害有效，对卵菌和细菌所致的病害无效。

【代森锰锌】

是一种低毒、低残留、广谱、具有保护作用的杀菌剂，属于 A 级无公害农药。广泛应用于果树、蔬菜、花卉、草坪和粮食作物。

【粉锈宁】

（三唑酮），防治白粉病、锈病效果好。

3. 微生物杀菌剂

【农用链霉素】

具有保护、治疗、铲除作用，低毒，对细菌性病害有特效。

【春雷霉素】

是一种具有较强的内吸性低毒抗生素杀菌剂。对高粱炭疽病、黄瓜角斑病、番茄叶霉病、西瓜细菌性角斑病也有较好的防效。

4. 杀线虫制剂

【二氯异丙醚】

8% 乳油，30% 颗粒剂，95% 油剂。是有熏蒸作用的杀线虫剂，在土壤中挥发缓慢，对植物较安全，可在生育期使用。适用于防治烟草、柑橘、茶叶、甘薯、花生、桑、蔬菜上的线虫，还对烟草立枯病和生理性斑点病有预防作用。

【棉隆（必速灭）】

50%、80% 可湿性粉剂，85% 粉剂，98% ～ 100% 微粒剂。

广谱熏蒸杀线虫剂，可兼治土壤真菌，地下害虫及杂草。在土壤中分解成有毒的异硫氰酸甲酯、甲醛和硫化氢等。易于在土壤中扩散并且持效期较长。适用范围 适用于防治蔬菜、草莓、烟草、果树、林木上的各种线虫。

【威百亩】

30%、33%、35%、48% 水溶液。具有熏蒸作用的二硫代氨基甲酸酯类杀线虫剂。在土壤中降解成异氰酸甲酯发挥熏蒸作用，还有杀菌及除草功能。适于花生、棉花、大豆、马铃薯等作物线虫的防治，还对马唐、看麦娘、莎草等杂草及棉花黄萎病、十字花科蔬菜根肿病有防效。

（三）植物生长调节剂

1. 生长素类

【吲哚乙酸】

纯品无色，见光氧化成玫瑰红，活性降低。在酸性介质中不稳定，pH 值低于 2 时很快失活，不溶于水，易溶于热水，乙醇，乙醚和丙酮等有机溶剂。它的钠盐和钾盐易溶于水，较稳定。用于植物组织培养。

【吲哚丁酸】

白色或微黄色。不溶于水，溶于乙醇、丙酮等有机溶剂。用于诱导插枝生根。作用特别强，诱导的不定根多而细长。

【萘乙酸】

无色无味结晶，性质稳定，遇湿气易潮解，见光易变色。不溶于水，易溶于乙醇，丙酮等有机溶剂。钠盐溶于水。用于促进植物代谢，如开花、生根、早熟和增产等，用途广泛。

【萘氧乙酸】

纯品白色结晶。难溶于冷水，微溶于热水，易溶于乙醇、乙醚、醋酸等。用于与萘乙酸相似。

【2，4-二氯苯氧乙酸】

2，4-D，2，4-滴。白色或浅棕色结晶，不吸湿，常温下性质稳定。难溶于水，溶于乙醇，乙醚，丙酮等。它的胺盐和钠盐溶于水。用于植物组织培养，防止落花落果，诱导无籽，果实保鲜，高浓度可杀死多种阔叶杂草。

【防落素】

促生灵，番茄灵，对氯苯氧乙酸。纯品为白色结晶，性质稳定。微溶于水，易溶于醇、酯等有机溶剂。用于促进植物生长；防止落花落果，诱导无籽果实；提早成熟；增加产量；改善品质等。常用于番茄保果。

【增产灵】

4-碘苯氧乙酸。相似的有4-溴苯氧乙酸，又称增产素。针状或磷片状结晶，性质稳定。微溶于水或乙醇，遇碱生成盐。用于促进植物生长；防止落花落果，提早成熟和增加产量等。

【甲萘威】

西维因。纯品为白色结晶，工业品灰色或粉红色。微溶于水，易溶于乙醇、甲醇、丙酮等有机溶剂。遇碱（pH值大于10）迅速分解失效。用于干扰生长素运输，使生长较弱的幼果得不到充足养分而脱落，用于苹果的疏果剂。同时它也是一种高效低毒沙虫剂。

【吲唑酯】

吲熟酯，IZAA，丰果乐，乙基-5-氯-1H-3-吲哚基醋酸酯。纯品为白色针状结晶，有杂质存在时褐色。难溶于水，易溶于甲醇、乙醇、丙酮等有机溶剂，遇碱易分解。用于疏花疏果、促进柑橘果实成熟和改善品质。

2. 赤霉素类

【赤霉酸】

GA3，是应用最广的种类。纯品为白色发结晶，工业品为白色粉剂。难溶于水，易溶于甲醇、乙醇、丙酮、醋酸乙酯、冰醋酸等有机溶剂。它的钠钾盐易溶于水。结晶较稳定，溶液易缓慢水解，加热超过 50℃会逐渐失去活性，在碱性条件下被中和失效。用途：使茎伸长，部分代替低温长日照，促进叶的扩大和侧枝生长，促进雄花形成，种子发芽，单性结实和果实形成，储藏保鲜，抑制成熟和衰老，抑制侧芽休眠和地下块茎形成。

3. 细胞分裂素类

【玉米素】

难溶于水和有机溶剂，易溶于盐酸中。用途：植物组织培养，防衰保鲜。

【激动素】

6- 糠基腺嘌呤，KT，KN，动力精。不溶于水，微溶于乙醇，丁醇，丙酮和乙醚等有机溶剂。能溶于强酸，强碱及冰醋酸。用途：与玉米素相似。

【6- 苄基腺嘌呤】

6-BA，BA，BAP，绿丹。难溶于水，可溶于酸性或碱性溶液中。用途：植物组织培养；提高坐果率，促进果实生长；防衰保鲜。

【氯苯甲酸】

PBA，SD8839。不溶于水，可溶于乙醇等有机溶剂。用途：与 BA 相似，但活性高于 BA

【CPPU】

4PU-30，KT-30，N-（2- 氯 -4- 吡啶基）-N- 苯基脲。难溶于水，易溶于甲醇，乙醇和丙酮。CPPU 为脲类细胞分裂素中活性最强的一种化合物。用途：促进细胞分裂和器官分化，果实肥大，促进叶绿素合成，防止衰老，打破顶端优势，诱导单性结实，促进着果等。

4. 脱落酸类

【ABA】

休眠素，脱落酸。难溶于水，苯和挥发油。可溶于甲醇、乙醇、丙酮、醋酸乙酯等，也可溶于碳酸氢钠溶液。用途：科学研究。

5. 乙烯利

【EPA】

一试灵。分子纯品为长针状无色结晶，制剂为棕黄色黏稠强酸性液体，在pH 值 3 以下比较稳定，pH 值 4 以上放出乙烯，乙烯释放速度随温度和 pH 值上升加快。用途：催熟、多开雌花，打破休眠等。

6. 其它生长延缓剂

【矮壮素】

CCC，三西，2- 氯乙基三甲基氯化铵，氯化氯代胆碱。纯品为白色结晶，易溶于水，不溶于乙醇、乙醚和苯等。在中性和酸性溶液中稳定，和碱混合加热分解失效。是赤霉素生物合成抑制剂。用途：使植物矮化，茎加粗，叶色加深。提高植株抗逆性。不易被土壤吸附或微生物分解，可作土壤施用。

【氯化胆碱】

（羟乙基）三甲基氯化铵。纯品为无色结晶，吸湿性强，易溶于水。在土壤中易被微生物分解。叶面喷施后易吸收传递到其它部位。用途：促进根系发达、块茎和块茎高产，也促进光合 产物向生殖器官运输，提高农作物产量。

【多效唑】

PP333，氯丁唑。难溶于水，溶于甲醇和丙酮。工业品为 95% 或 15% 粉剂，溶于水。用途：抑制赤霉素的生物合成，减缓细胞的分裂和伸长。用于抑制植物茎的伸长生长和矮化植物。它也有抑菌作用，又是杀菌剂。在土壤中的半衰期为6 ～ 12 个月。

【缩节胺】

皮克斯，调节胺，助壮素，健壮素。纯品白色结晶，溶于水，不溶于有机溶剂，抑制赤霉素的生物合成。用途：使植株矮化，提高同化能力，促进成熟，增加产量。土壤中易分解，叶面喷施较好。

【调节膦】

氨基甲酰基磷酸乙酯铵盐，蔓草膦。纯品白色结晶，易溶于水，难溶于丙酮等有机溶剂。自身稳定性好，但酸性稀释液易分解。在土壤中易分解，叶面施。用途：抑制细胞分裂和伸长，用于灌木矮化（尤其是双子叶植物），柑橘整枝和防除杂草等方面。

【优康唑】

S-3307，烯效唑，高效唑。难溶于水，易溶于丙酮、甲醇、乙酸乙酯等有机溶剂。向上传导，所以土壤施用较好。用途：矮化植株，抗倒伏增产，除杂草，杀菌。

【粉锈宁】

三唑酮。纯品无色结晶。难溶于水,易溶于甲苯和三氯甲烷中。水溶液半衰期仅有 10 ～ 12 h。用途:杀菌剂兼植物生长延缓剂。延缓植物生长,减少叶面积,增加叶厚,提高抗逆性。提高光合作用,有利增产。

7. 植物生长抑制剂

【青鲜素】

顺丁烯二酸酰肼,MH 马来酰肼,抑芽丹等。难溶于水,微溶于醇,易溶于冰醋酸,二乙醇胺。其钠、钾、铵盐溶于水。作用与生长素相反,抑制芽的生长和茎的伸长。它的结构与尿嘧啶相似,阻止核酸的合成。用途:抑制鳞茎和块茎在储藏期间的发芽。

【三碘苯甲酸】

TIBA。不溶于水,易溶于乙醇,乙醚,苯,甲苯等,它能阻碍生长素在体内的运输。用途:抑制茎顶端生长,促进腋芽萌发,使植株分枝多,增加花和结实数。

【整形素】

形态素,2 氯 -9- 羟基芴 -9- 羧酸甲酯。微溶于水,溶于乙醇丙酮灯。阻碍生长素向下运输,同时能提高生长素氧化酶的活性,使生长素含量下降。用途:抑制顶端分生组织生长,使植株矮化,促进侧芽发生。

【增甘膦】

N-N 双(膦酰基甲基)甘氨酸。溶于水。抑制植株生长,也抑制酸性转化酶的活性。用途:甘蔗和甜菜的催熟和增糖。

8. 其他调节剂

【油菜素内酯】

易溶于水。是从油菜等花粉中提取的淄体物质。用途:促进细胞分裂和伸长,促进光合作用,提高抗逆性。施用量极微。

【三十烷醇】

不溶于水,溶于乙醚、氯仿、二氯甲烷中。可用氯仿、吐温 20(或 80)配成乳油状使用。对光、空气、热和碱均稳定。药效与药品的纯度、颗粒细度有关。加入氯化钙(10^{-3} mol/L)后,效果显著且稳定。用途:促进光合作用,改善营养,增强抗逆性。

主要参考文献

包满珠，2015. 花卉学 [M]. 北京：中国农业出版社.

蔡小芳，2014. 百日红栽培管理技术分析 [J]. 北京农业（30）：135.

陈建刚，2003. 仙人掌类及多肉植物的扦插与嫁接技术 [J]. 西南园艺（4）：46-47.

董国兴，2004. 蝴蝶兰 [M]. 北京：中国林业出版社.

董永义，2013. 切花百合栽培及生长模拟研究 [M]. 赤峰：内蒙古科学技术出版社.

董永义，郭园，宫永梅，2007. 北方现代月季的栽培措施 [J]. 内蒙古农业科技（5）：116-118.

董永义，宋旭，郭园，2007. 盆栽红掌的养护与管理 [J]. 林业实用技术（12）：44-46.

付玉兰，2013. 花卉学 [M]. 北京：中国农业出版社.

郭世荣，2003. 无土栽培学 [M]. 北京：中国农业出版社.

郭志刚，张志伟，2000. 种球花卉 [M]. 北京：中国林业出版社.

黄勇，李富成，2000. 名贵花卉的繁育与栽培技术 [M]. 济南：山东科学技术出版社.

赖尔聪，2016. 观赏植物百科 [M]. 北京：中国建筑工业出版社.

雷江丽，徐义炎，2004. 红掌生产技术 [M]. 北京：中国农业出版社.

李鸿渐，1993. 中国菊花 [M]. 南京：江苏科学技术出版社.

李式军，郭世荣，2011. 设施园艺学 [M]. 北京：中国农业出版社.

刘敏，2016. 观赏植物学 [M]. 北京：中国农业大学出版社.

鲁涤非，2003. 花卉学 [M]. 北京：中国农业出版社.

鲁良，2006. 营养液栽培大全 [M]. 北京：中国农业大学出版社.

罗正荣，2005. 普通园艺学学 [M]. 北京：高等教育出版社.

马兴堂，杜兴民，2014. 月季的特征特性及栽培技术 [J]. 现代农业科技（20）：145.

石绍裘，1981. 月季栽培 [M]. 上海：上海科学技术出版社.

苏雪痕，1988. 植物造景 [M]. 北京：中国林业出版社.

王静，2005. 环境因素对花卉生长的影响及调控效应研究 [D]. 陕西：西北农林科技大学.

王宇欣，段红平，2008. 设施园艺工程与栽培技术 [M]. 北京：中国农业出版社.

谢德体，2015. 土壤肥料学 [M]. 北京：中国林业出版社.

易利平，2012. 浅谈花卉产业概况 [J]. 农民科技培训（3）：23-24.

张金政，龙雅宜，2003. 世界名花郁金香及其栽培技术 [M]. 北京：金盾出版社.

章镇，王秀峰，2003. 园艺学总论 [M]. 北京：中国农业出版社.

钟为伟，涂小云，张爱霞，等，2011. 切花郁金香设施栽培技术 [J]. 北方园艺（18）：65-67.

朱红涛，师书敏，吕华卿，2010. 花卉生长发育所需要的环境条件 [J]. 中国园艺文摘，26
（11）：101-103.